# 侏罗纪世界

# 恐龙观察指南

[美]托马斯·理查德·霍兹　著
[澳]迈克尔·布雷特-苏尔曼

[美]罗伯特·沃特斯　绘
秦子川　廖俊棋　译

青岛出版集团 | 青岛出版社

**图书在版编目(CIP)数据**

侏罗纪世界.恐龙观察指南 /（美）托马斯·理查德·霍兹,（澳）迈克尔·布雷特-苏尔曼著；秦子川,廖俊棋译. — 青岛：青岛出版社,2022.5

ISBN 978-7-5552-2596-6

Ⅰ.①侏… Ⅱ.①托… ②迈… ③秦… ④廖… Ⅲ.①恐龙—儿童读物 Ⅳ.①Q915.864-49

中国版本图书馆CIP数据核字（2021）第237334号

ZHULUOJI SHIJIE：KONGLONG GUANCHA ZHINAN

| | |
|---|---|
| 书　　名 | **侏罗纪世界：恐龙观察指南** |
| 著　　者 | [美]托马斯·理查德·霍兹　[澳]迈克尔·布雷特-苏尔曼 |
| 绘　　者 | [美]罗伯特·沃特斯 |
| 译　　者 | 秦子川　廖俊棋 |
| 出版发行 | 青岛出版社 |
| 社　　址 | 青岛市崂山区海尔路182号 |
| 本社网址 | http://www.qdpub.com |
| 邮购电话 | 18613853563　0532-68068091 |
| 策　　划 | 马克刚　贺　林 |
| 责任编辑 | 金　汶 |
| 特约编辑 | 顾　静　孙语冰 |
| 装帧设计 | 王晶璎　千　千 |
| 印　　刷 | 天津联城印刷有限公司 |
| 出版日期 | 2022年5月第1版 2022年5月第1次印刷 |
| 开　　本 | 32开（787mm×1092mm） |
| 印　　张 | 4.75 |
| 字　　数 | 200千 |
| 书　　号 | ISBN 978-7-5552-2596-6 |
| 定　　价 | 69.80元 |

编校印装质量、盗版监督服务电话 4006532017 0532-68068050

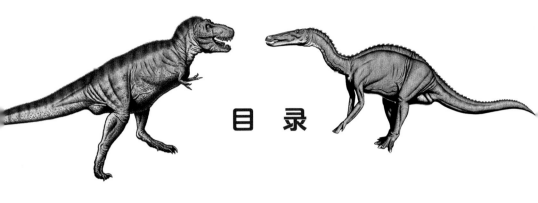

# 目 录

# 恐龙观察指南

# 恐龙为什么如此受欢迎？

多年来，电影行业一直热衷于拍摄与恐龙相关的电影。从最早的由柯南·道尔小说改编的《失落的世界》到后来的《侏罗纪世界》，都可以看到恐龙的身影。通过大荧幕讲述这些奇特生物的故事，确实令观众非常兴奋。但是，恐龙之所以如此受欢迎，不能单单归功于电影行业的宣传。恐龙受欢迎的原因是它们融合了"冒险、力量、时空穿越、科学、神秘和封尘的世界"等诸多元素。恐龙与电影中流行的其他怪物相比，最大的区别在于，恐龙是真实存在过的。它们不是为了讲故事而创造出来的。恐龙对地球的统治超过1.5亿年！虽然许多恐龙电影存在不准确之处——毕竟，它们不是纪录片，而是娱乐化产物！——但这些电影使大家对恐龙有了更大的兴趣。因此，我们写了这本科普书，让大家了解更多关于恐龙的知识。

到目前为止，科学家们命名的恐龙已经超过1200种，而且每年还会增加约40种！那么，如何从这么多的恐龙中选出重要的介绍给大家呢？我们从不同的恐龙类群中选择了一些有代表性的物种，尤其是那些大家比较熟悉的恐龙。其中包括从19世纪就一直很有名的恐龙和《侏罗纪公园》系列电影中出现过的恐龙，还有一些在当代被命名的恐龙和最新发现的恐龙。

自1975年开始的"恐龙文艺复兴"以来，研究恐龙的古生物学家（指全职研究恐龙并达到专业水平的专家）的数量从约20人增加到200多人。从此，科学界对恐龙的探索和发现呈现出井喷式发展。北美洲曾一度是恐龙新物种的发掘地。现在，中国和阿根廷成为发现和命名新恐龙较多的国家。

科学家们对恐龙的了解可以说是日新月异。古脊椎动物学研究是一个跨学科的领域。这个领域每年都会出现新的技术和新的人才，探索中也充满令人兴奋的挑战和机遇。读到这里，你是不是已经等不及想要成为我们当中的一分子了？

　　当然，恐龙被"过度追捧"也导致一些负面的事情发生。因为恐龙化石颇具商业价值，所以非法采集恐龙化石的事情经常发生。具有重要科研价值的恐龙化石被当作"奖杯"收藏，或无法得到永久性保护和收藏，这对于全人类来说都是巨大损失，好像莎士比亚的文学作品中失去了珍贵的一页。正如电影《夺宝奇兵》中的考古学家印第安纳·琼斯（很遗憾他不是古生物学家）所说："博物馆才是它们的家。"

托马斯·理查德·霍兹

迈克尔·布雷特－苏尔曼

# 恐龙生活在何时？

恐龙生活在中生代，出现于晚三叠世的2.37亿年前。对于只有短暂历史的人类来说，2.37亿年似乎很漫长。但是，如果用科学家定义的"地质年代"来衡量，或与地球46亿年的寿命相比，2.37亿年其实不算长。

从46亿年前到5.4亿年前这段时间，即地球历史的前8/9，被称为"隐生宙"。最古老的化石出现在不晚于35亿年前的隐生宙早期。这些化石属于已知生物中最简单的细菌。像蠕虫状动物痕迹这样更复杂的化石则出现在隐生宙较晚的时期。由于早期生物的身体没有坚硬部位，因此隐生宙的化石记录相当稀少。然而，在5.4亿年前，动物开始发育出贝壳、骨头、牙齿和其他坚硬部位。从那时起，化石变得很普遍。科学家将5.4亿年前至今的这段时间称为"显生宙"，即"显现生命的时期"。显生宙又分为3个时代——古生代、中生代和新生代。

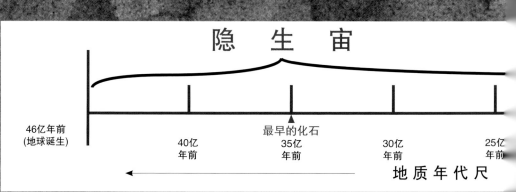

隐 生 宙

46亿年前
(地球诞生)

40亿
年前

最早的化石

35亿
年前

30亿
年前

25亿
年前

地质年代尺

# 古生代

　　显生宙的第一个时代被称为"古生代"，也就是"古老生命的时代"。在这个时期，三叶虫（一类已灭绝的海生动物，是昆虫、甲壳类动物和蜘蛛的近亲）繁盛，鱼类统治海洋，第一批植物、昆虫和两栖动物（一种陆生脊椎动物，须在水中繁殖）聚居于陆地。直到古生代晚期，两栖动物的后代才发育出带壳的蛋，并演化出两大类陆生脊椎动物，它们至今仍统治着地球。其中一类称为"合弓类"，包括哺乳动物（人类是其中一员）和原始哺乳动物祖先；另一类称为"爬行类"，包括乌龟、蜥蜴、蛇、鳄类、恐龙和许多已灭绝的类群。

　　在古生代，大陆之间产生了一系列的碰撞，进而形成了一个超级大陆，称为"盘古大陆（Pangaea）"，也就是"所有大陆"的意思。盘古大陆主要分布在南半球。当时地球上所有陆地都挤在一起，被一个海洋包围，这个海洋称为"泛大洋（Panthalassa）"，意思是"所有海洋"。后来，古生代在地球史上已知最彻底的一场大灭绝中结束。这场灭绝可能是由大规模的火山爆发引起的，其遗迹已在西伯利亚被发现。

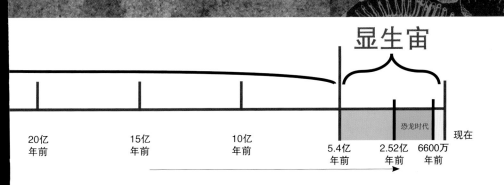

显生宙

| 20亿年前 | 15亿年前 | 10亿年前 | 5.4亿年前 | 2.52亿年前 | 6600万年前 | 现在 |

恐龙时代

# 中生代

　　显生宙的第二个时代是中生代。这段时期，随着盘古大陆开始分裂，北美洲和非洲之间形成了一个新的大洋，就是现在的大西洋。与此同时，一些大陆开始向北漂移。北美洲越过赤道，漂移到现在的位置。也就是说，在大西洋形成之前，从纽约到伦敦步行就可以到达。同时，南美洲也逐渐和非洲分开。但是，当时的南极洲仍旧与澳大利亚相连。

## 三叠纪

　　中生代的三个地质历史时期中，第一个是三叠纪。三叠纪刚刚开始的时候，大部分具有生态优势的合弓类动物（哺乳动物祖先）逐渐被爬行动物取代。恐龙、翼龙、鳄类、蜥蜴、龟鳖类和最早的哺乳动物都出现在晚三叠世。

## 侏罗纪

　　中生代的第二个地质历史时期是侏罗纪。侏罗纪也是"巨龙的时代"：蜥脚类恐龙（长着长脖子的植食性恐龙）成为地球历史上体形最大的陆生动物；兽脚类恐龙成为最多样化（物种数量最多）的陆地掠食者——最早的鸟类也是从兽脚类恐龙的一个分支演化而来；鸟臀类恐龙（主要是植食性恐龙）中最有代表性的是身披盔甲的甲龙和带有背部剑板的剑龙。

　　白垩纪是中生代的第三个地质历史时期，也是最长的一个时期。蜥脚类恐龙——尤其是泰坦巨龙类——在北半球逐渐减少，但在南半球不断增加。兽脚类恐龙经历了物种最多样化的时期，演化出从暴龙类到鸟类的各种恐龙。鸟的类群逐渐增加，出现了海鸟、猛禽和水禽，以及可以在陆地上奔跑和在水中游泳的鸟类。剑龙类灭绝了，但甲龙类演化出2个主要分支。鸟脚类（两足行走的植食性恐龙）也非常繁盛，并演化出最优雅的恐龙（长着鸭嘴和头冠，像天鹅一样的恐龙）。这个时期还出现了最后一类恐龙——肿头龙类。从化石记录中可以看出，这段时间出现的恐龙物种数量达到顶峰。但是，在约6600万年前，地球上发生了历史上第四大生物灭绝事件。（三次更大的生物灭绝事件都发生在古生代。）从此，除鸟类以外的恐龙在地球上销声匿迹了。

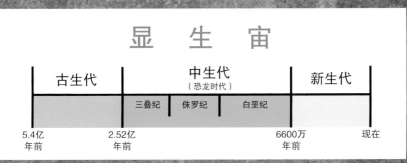

中生代恐龙大灭绝（除了鸟类）的原因非常复杂，并且存在很多争议。已经有许多学术专著在讨论这个问题，相信未来还会有更多。总的来说，有两个竞争性理论——陨石撞击理论和逐渐衰退理论。陨石撞击理论认为，一个陨石撞击了墨西哥的尤卡坦半岛，火球和爆炸所产生的灰烬多年覆盖地球，阻挡了阳光的照射，由此引发了严重的生态灾难。逐渐衰退理论认为，在灭绝事件发生之前，恐龙就已经开始逐渐衰退，而陨石撞击只是消灭了仍旧存活的恐龙。目前，两个理论都有疑点和无法解释的问题。陨石撞击的时间点非常关键，是在恐龙衰退之前、衰退的过程中还是衰退之后撞到地球的呢？要回答这个问题，我们还需要更多的研究。

## 新生代

显生宙的最后一个时代被称为"新生代"，或"当今的时代"，就是我们现在生活的时代。新生代开始的时候，大陆继续漂移，相互分离（与亚洲相撞而形成喜马拉雅山的印度除外）。澳大利亚与南极洲分开。北美洲先后与亚洲和欧洲分开。落基山脉、安第斯山脉和阿尔卑斯山脉逐渐形成。跨越北美洲的内部海洋逐渐消失，大平原逐渐形成。我们现在熟悉的生物逐渐占据地球。草原和大片的橡树林第一次出现在地球上。哺乳动物遍布世界各地，体形越来越大。鸟类也出现在七大洲。

然而，在约300万年前，气候突然改变，温度骤降，冰河时代来临。和大陆一样面积巨大的冰川改变了陆地的形状。冰川像一个巨大的雪铲推动陆地表面的岩石，并堆成了碎石堆。纽约的长岛就是这样形成的。

冰河时代和温暖的冰川融化时期交替出现。同时，地球上出现了一种新的双足行走的哺乳动物——人类。

冰河时代结束了吗？还是我们只是处于冰期之间的温暖时期？冰期还会到来吗？人类的工业活动（包括向大气层排放污染物）会不会使地球回到中生代那种温度较高的环境中？只有时间能告诉我们答案。

# 恐龙生活时代的植物

　　许多人认为植物的意义仅仅在于为环境增添色彩，然而事实并非如此。植物是食物链最基层的部分，与动物的生活息息相关。植物的演化与以植物为食的动物的演化紧密地联系在一起。

　　植食性恐龙的生存其实很不容易。和现在的植物相比，中生代的植物更加难以咀嚼，养分又少。成群的植食性恐龙穿过一片区域时，会吃掉路过的所有植物。这些植物可能需要一年才能恢复。这意味着植食性恐龙要么在一个很大的区域内持续移动，要么在不同的区域之间持续移动。然而，持续的移动意味着它们需要更多的能量供给，得吃更多的植物，但这又意味着要走更远的路，如此循环往复。

　　中生代没有草原、茂密的丛林或者琥珀色的麦浪。当时的植物主要包括石松类、木贼类、蕨类、种子蕨、苏铁和一些高大的树木——本内苏铁、松柏和银杏。从晚三叠世（恐龙最早出现）到晚白垩世（开花植

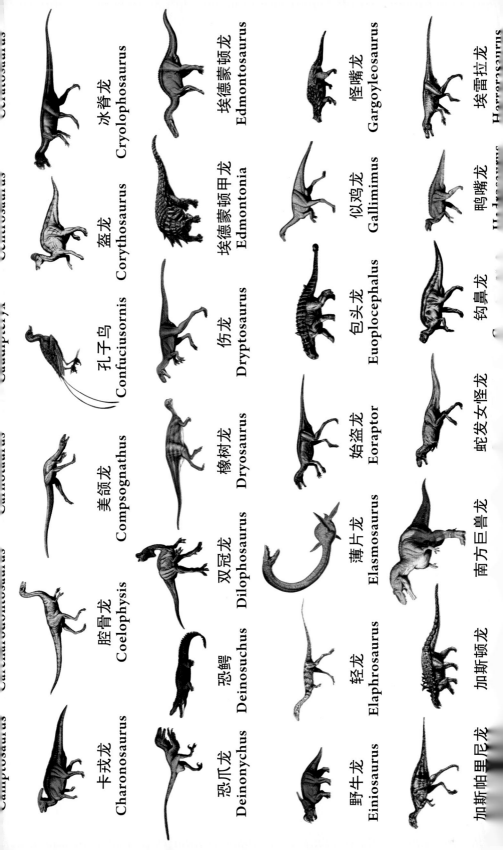

冰脊龙 Cryolophosaurus
埃德蒙顿龙 Edmontosaurus
怪嘴龙 Gargoyleosaurus
埃雷拉龙 Herrerasaurus

盔龙 Corythosaurus
埃德蒙顿甲龙 Edmontonia
似鸡龙 Gallimimus
鸭嘴龙 Hadrosaurus

孔子鸟 Confuciusornis
伤龙 Dryptosaurus
包头龙 Euoplocephalus
钩鼻龙

美颌龙 Compsognathus
橡树龙 Dryosaurus
始盗龙 Eoraptor
蛇发女怪龙

腔骨龙 Coelophysis
双冠龙 Dilophosaurus
薄片龙 Elasmosaurus
南方巨兽龙

恐鳄 Deinosuchus
卡戎龙 Charonosaurus
恐爪龙 Deinonychus
轻龙 Elaphrosaurus
加斯顿龙

野牛龙 Einiosaurus
加斯帕里尼龙

兔鳄 Lagosuchus

单脊龙 Monolophosaurus

肿头龙 Pachycephalosaurus

鹦鹉嘴龙 Psittacosaurus

钉状龙 Kentrosaurus

中棘龙 Metriacanthosaurus

窃蛋龙 Oviraptor

原栉龙 Prosaurolophus

约巴龙 Jobaria

巨齿龙 Megalosaurus

奥斯尼尔洛龙 Othnielosaurus

原美颌龙 Procompsognathus

禽龙 Iguanodon

大椎龙 Massospondylus

嗜鸟龙 Ornitholestes

倾头龙 Prenocephale

平头龙 Homalocephale

马门溪龙 Mamenchisaurus

大眼鱼龙 Ophthalmosaurus

板龙 Plateosaurus

异齿龙 Heterodontosaurus

玛君龙 Majungatholus

恩霹渥巴龙 Nqwebasaurus

似鹈鹕龙 Pelecanimimus

黄昏鸟 Hesperornis

纤角龙 Leptoceratops

木他龙 Muttaburrasaurus

副栉龙 Parasaurolophus

狮鼻鳄 Simosuchus

似鳄龙 Suchomimus

三角龙 Triceratops

鸟面龙 Shuvuuia

剑龙 Stegosaurus

蛮龙 Torvosaurus

祖尼角龙 Zuniceratops

波塞冬龙 Sauroposeidon

棘龙 Spinosaurus

牛角龙 Torosaurus

乌尔禾龙 Wuerhosaurus

喙嘴翼龙 Rhamphorhynchus

中华盗龙 Sinraptor

奇异龙 Thescelosaurus

伶盗龙 Velociraptor

劳氏鳄 Rauisuchus

中华龙鸟 Sinosauropteryx

镰刀龙 Therizinosaurus

暴龙 Tyrannosaurus

风神翼龙 Quetzalcoatlus

中国鸟龙 Sinornithosaurus

古神翼龙 Tapejara

海王龙 Tylosaurus

无齿翼龙 Pteranodon

中国鸟脚龙 Sinornithoides

长颈龙 Tanystropheus

伤齿龙 Troodon

高吻龙
Altirhinus

迷惑龙
Apatosaurus

圆顶龙
Camarasaurus

角鼻龙
C. ptanosaurus

异特龙
Allosaurus

安祖龙
Anzu

腕龙
Brachiosaurus

尖角龙
C. ntoo

北票龙
Beipiaosaurus

尾羽龙
C. dipteryx

重爪龙
Baryonyx

食肉牛龙
Carnotaurus

坚蜥
Aetosaurus

甲龙
Ankylosaurus

始祖鸟
Archaeopteryx

鲨齿龙
Carcharodontosaurus

阿贝力龙
Abelisaurus

阿玛加龙
Amargasaurus

古角龙
Archaeoceratops

弯龙
Camptosaurus

侏罗纪世界

物逐渐遍布陆地），恐龙们只能吃这些植物。在白垩纪之前，我们现在看到的大部分植物（被子植物）尚不存在。

很快，植食性恐龙成为陆地上存在过的最大动物。巨大的体形使它们不需要爬树或者飞行，就可以够到高高地挂在树冠上的叶子。

因为晚三叠世和侏罗纪的主要植物是苏铁和松柏，而这些植物营养不算丰富，所以植食性恐龙演化出了更长的肠道，以便更好地消化植物，得到更多养分。相对较小的鸟臀类恐龙（如鸟脚类、剑龙类和甲龙类）则主要以地面上低矮的植物为食。

白垩纪出现的全新食物资源改变了陆地的面貌和恐龙的演化历程。被子植物在繁衍能力和恢复能力上远超蕨类、苏铁和松柏。这意味着恐龙进食之后，被子植物可以更好、更快地重新长出来。与此同时，古老的植物逐渐退出历史舞台。

随着被子植物从覆盖地表的植物演化成乔木等大型树木，一些小型的植食性恐龙也演化出了蜥脚类恐龙那样的巨大体形。新的、快速生长的食物来源可以解释为什么鸟臀类恐龙，尤其是鸟脚类和角龙类恐龙，在当时变得如此繁盛。

# 寻找化石

## 如何发掘恐龙化石

如果你想发现一种新恐龙，该如何开始呢？总不能随便找个地方挖掘，就指望可以找到恐龙吧。实际上，发掘恐龙化石可分为五个步骤。

### 第一步：调查

开始之前，你要知道去哪里寻找化石。你可以去图书馆好好找找资料，阅读一些科普图书和过去的科学论文，查一查哪里有暴露在地表的、形成于中生代的沉积岩。

### 第二步：准备

确定了地点之后，还得知道其土地所有权归谁。可以查一下相关的土地档案资料，并和对方联络获得许可。

接下来，准备好野外装备。一天的野外旅行至少需要水、便携食物、遮阳帽、太阳镜、卫生纸、地质地形图、尺子、数码相机、笔记本、铅笔和一个同伴。记住，永远不要在荒山野外独自徒步！

## 第三步：探险

如果真的发现了恐龙化石（当然，你最后要把化石送给学校或者博物馆），不要直接把它挖出来，要先对标本进行拍照。拍照时，把尺子放在旁边来显示标本的大小。之后，借助卫星定位系统或其他定位工具，在地图上准确地标注发掘地点和周围的环境。

接下来这一步最重要：找一个专业的古生物学家帮助你挖掘化石。因为恐龙的体形多种多样，不同体形的恐龙需要不同的保存方法。根本不存在适合所有恐龙的挖掘方法——不同的化石甚至需要用不同的胶水。在挖掘过程中，任何信息一旦丢失，就再也没有了，比如孢粉化石的样本。这就是为什么务必要让专业的古生物学家参与进来。

## 第四步：挖掘

第一，在挖掘之前，要在标本周围建立一个网格系统，以便拍摄更多的照片，并准确地标注出每一块骨头被发现的位置；再慢慢地清除标本周围的表层沉积物，直到每块骨头离周围的岩石至少有 1 米的距离。这时不要着急，你还需要进一步清理每块暴露出来的骨头，涂上聚醋酸

乙烯酯，并给每块骨头拍照。

　　第二，用专业工具继续在标本周围挖掘，直到露出化石所在的沉积层位；再包上卫生纸或铝箔作为隔离层，确保标本不会粘连到更外面的保护层；然后，用粗麻布或各种亚麻制品结合细腻的石膏粉末在外层进行固定；接着，把标本翻过来，重复上述过程，使化石被完全覆盖。

　　第三，包好的标本下面有还没暴露在空气中的岩石，从中提取沉积物样本，并将它们保存在一个密封的容器中。这些是孢粉样本。

　　第四，给所有石膏包、包装盒和容器都贴上标签。

　　岩石块和石膏包的大小将决定后续需要多少加固物质，来确保石膏包不会在搬运的时候碎掉。如果重量在200千克以下，使用木板固定即可。如果你不太熟悉具体技术，请寻求专业人士帮忙。

古生物学家们正在挖掘一块恐龙化石。化石暴露的一侧，已经用石膏包裹好。他们正把化石翻过来，继续对另一侧进行加固。完全包裹好之后，需要再对骨骼化石进行拍照记录。

已经打好石膏包并用木板加固过的恐龙大腿骨。旁边的古生物学家正在打包其他恐龙化石。

一块用石膏和粗麻布打包的幼年蜥脚类恐龙耻骨。

一具暴露后被保存下来的蜥脚类恐龙骨骼。为了把它安全地运到博物馆，专业人员正在用石膏和粗麻布包裹化石。

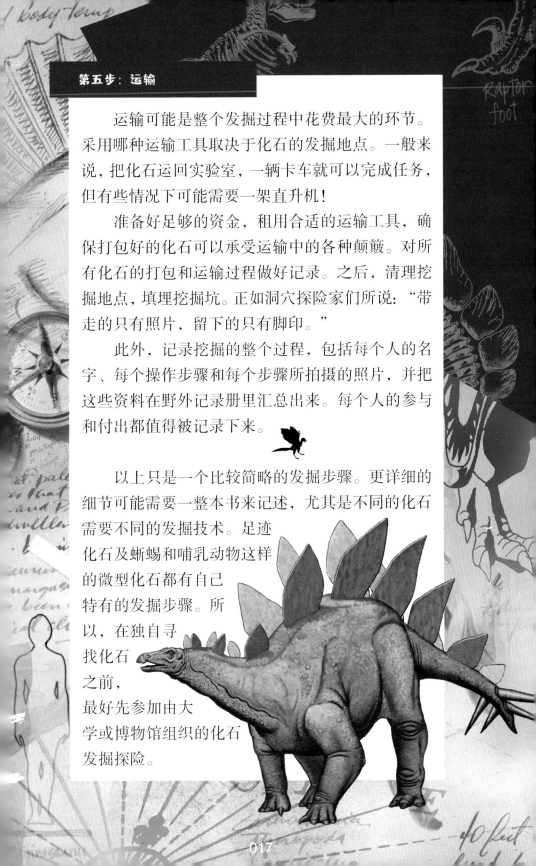

运输可能是整个发掘过程中花费最大的环节。采用哪种运输工具取决于化石的发掘地点。一般来说，把化石运回实验室，一辆卡车就可以完成任务，但有些情况下可能需要一架直升机！

准备好足够的资金，租用合适的运输工具，确保打包好的化石可以承受运输中的各种颠簸。对所有化石的打包和运输过程做好记录。之后，清理挖掘地点，填埋挖掘坑。正如洞穴探险家们所说："带走的只有照片，留下的只有脚印。"

此外，记录挖掘的整个过程，包括每个人的名字、每个操作步骤和每个步骤所拍摄的照片，并把这些资料在野外记录册里汇总出来。每个人的参与和付出都值得被记录下来。

以上只是一个比较简略的发掘步骤。更详细的细节可能需要一整本书来记述，尤其是不同的化石需要不同的发掘技术。足迹化石及蜥蜴和哺乳动物这样的微型化石都有自己特有的发掘步骤。所以，在独自寻找化石之前，最好先参加由大学或博物馆组织的化石发掘探险。

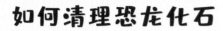

标本被运回实验室后，化石修复师会打开石膏包，然后用牙科钻头和刮刀小心地去掉化石周围的围岩。修复师使用的许多工具与牙医和艺术家的工具类似。

图中是美国国立自然历史博物馆化石修复师史蒂夫·贾柏在修复化石。

实验室有多种胶水和保存剂。使用哪种药剂取决于骨骼的保存方式和骨骼中可能存在的化学物质。

　　为了保护博物馆收藏的大块化石骨骼，化石修复师会制作新的石膏包，并用内衬泡沫来减少骨头和周围坚硬石膏的摩擦。修复师还会在化石的孔洞或开口中填充缓震泡沫，让骨骼和石膏包之间的接触更加平稳，然后用胶水填充骨骼上的裂缝。

　　有些化石体积太大，无法放进博物馆的储物柜里。修复师会根据这些化石的形态用金属加固的石膏包和缓震泡沫制作特有的"贝壳状"保护包。在后续的研究中需要把化石翻面时，这些保护包可以保护化石底部的安全。每一个石膏包都有一个单独的编号，用来识别里面的化石。

安装骨架时，每块骨头都要单独安装在金属支架上。有时为了增加强度，还会增加额外的金属板和金属支架。除了化学知识及修复和制作模型的技术，化石修复师还必须了解金属焊接和铸造技术。

化石修复师安装了一根金属"脊椎骨"，并以此为基础再安装恐龙的其他骨头。

所有骨骼化石都需要定期清洁并重新涂胶。温度和湿度的变化，以及附近交通造成的震动，都会使化石表面形成一些小裂痕。因此，化石的保护工作是一个持续不断的过程。

# 如何将恐龙分类

　　找到恐龙化石后，怎样知道它是哪一类恐龙呢？答案是将它与其他恐龙化石进行对比，按照其特征找到它的近亲，来对恐龙进行分类。

　　目前，科学家们已经发展出一个对所有生物进行准确分类的复杂系统。每一个物种都属于一个大家庭。举个例子，狮子和老虎属于猫科动物，猫科动物和犬科动物都属于食肉目动物。同样，埃德蒙顿龙和副栉龙属于鸭嘴龙类（术语上称为"鸭嘴龙科"），而鸭嘴龙类和角龙类都属于鸟臀类恐龙。本书提到的其他恐龙也是按照相似性和共同祖先进行分类。所有涉及的恐龙分类都属于一个更大的家庭——恐龙类。

　　特别要注意的是，不是所有古生物都是恐龙。例如：海生爬行动物不是恐龙（参见130-133页），翼龙也不是恐龙（参见141-145页）。各种已灭绝的哺乳动物也不是恐龙，比如毛象（猛犸象）、剑齿虎及其近亲。

　　对于科学家来说，恐龙指的是禽龙和巨齿龙最近的共同祖先的所有后代。下面几页将具

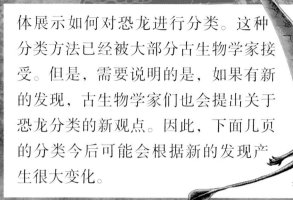

体展示如何对恐龙进行分类。这种分类方法已经被大部分古生物学家接受。但是，需要说明的是，如果有新的发现，古生物学家们也会提出关于恐龙分类的新观点。因此，下面几页的分类今后可能会根据新的发现产生很大变化。

# 恐龙类

（所有恐龙）

这个分类单元的成员都有直立的姿态，四肢处于躯干正下方，髋臼有一个开放空间，前爪可以抓握（至少早期成员是如此）。恐龙类可以分为两大类群：鸟臀类和蜥臀类。两个类群的恐龙独立演化，因此后来它们之间的差异变得非常大。

## 鸟臀类

（有类似鸟类腰带骨骼的恐龙）

据古生物学家所知，所有鸟臀类都是植食性动物。它们的髋部有朝后的耻骨，身体可以容纳更大的肠道来消化植物。下颌前部有一块额外的骨头，构成喙的下半部分。鸟臀类包括三大类群：装甲龙类、头饰龙类和鸟脚类。

★ 图表在下一页继续 ★

## 蜥臀类

（有类似蜥蜴腰带骨骼的恐龙）

蜥臀类比鸟臀类脖子更长，爪子的抓握能力更强。大部分蜥臀类骨盆中的耻骨是朝前的。蜥臀类可以分为蜥脚形类和兽脚类。蜥脚形类都是植食性恐龙，而兽脚类大部分是肉食性恐龙。

★ 图表在下一页继续 ★

# 恐 龙 类

## 鸟臀类
（有类似鸟类腰带骨骼的恐龙）

## 装甲龙类
（披甲的恐龙）

　　装甲龙类皮肤上有骨甲，可以保护它们免受攻击者的伤害。

## 头饰龙类
（头部特化有脊等装饰物的恐龙）

　　头饰龙类是有头后骨板的鸟臀类恐龙。

## 角龙类
（有颈盾和角的恐龙）

　　早期有颈盾的角龙类是没有角的，如古角龙。后期演化出的重型、四足行走的角龙类则有角,如尖角龙

## 甲龙类
（坦克一样的恐龙）

　　甲龙类是像坦克一样的恐龙，包括甲龙这样有尾锤的成员和没有尾锤的成员，如埃德蒙顿甲龙、怪嘴龙和加斯顿龙。

## 剑龙类
（有背部甲板的恐龙）

　　剑龙类身披几排甲板，背部有棘刺，比如钉状龙、剑龙和乌尔禾龙。

# 蜥臀类

（★图表在下一页继续★）

## 鸟脚类
（有喙的恐龙）

鸟脚类是有特化牙齿的鸟臀类恐龙，有些甚至有多列齿列。一些原始的鸟脚类体形较小，主要用两足行走，如橡树龙、加斯帕里尼龙和奇异龙；而特化程度更高的成员体形更大，一般用四足行走，如高吻龙、禽龙和木他龙。

## 肿头龙类
（头部加厚的恐龙）

肿头龙类是头部加厚，有坚硬头骨的恐龙。这类恐龙有倾头龙、平头龙和肿头龙。

## 鸭嘴龙类
（有"鸭嘴"的恐龙）

鸭嘴龙类是体形较大、特化程度较高的鸟脚类恐龙。这类恐龙有埃德蒙顿龙、盔龙、鸭嘴龙、副栉龙和原栉龙。

# 鸟臀类

(★图表在上一页★)

## 兽脚类

(大部分为食肉的恐龙)

这类恐龙是一个非常多样化的类群。所有的兽脚类都用两足行走。据古生物学家所知，这些恐龙都有叉骨（胸前的一块Y形骨骼）。

### 坚尾龙类

(有坚挺尾部的兽脚类恐龙)

坚尾龙类中有巨大的肉食龙类（如南方巨兽龙）、棘龙类（如棘龙）、虚骨龙类和一些更原始的恐龙（如中棘龙）。

### 原始兽脚类

原始兽脚类都是两足行走的肉食性恐龙，其中包括阿贝力龙类（如阿贝力龙和食肉牛龙）和体形更小、更纤细的猎手（如原美颌龙）。

### 虚骨龙类

虚骨龙类是特化程度最高和最多样化的坚尾龙类恐龙。它们有各种各样的特化骨骼特征和非常与众不同的皮肤结构。最新的研究显示，大部分虚骨龙类至少在生命的某个阶段是有羽毛的。虚骨龙类有许多类群：

#### 原始成员

例如：美颌龙和中华龙鸟。

#### 暴龙类

(霸王龙类)

这类恐龙是体形庞大、有两个手指的凶猛猎手。

#### 似鸟龙类

(类似鸵鸟的恐龙)

它们是头部很小、脖子很长、擅长奔跑的恐龙。

# 恐龙类

## 蜥臀类
（有类似蜥蜴腰带骨骼的恐龙）

### 蜥脚形类
（长颈恐龙）

这类恐龙有很长的脖子和很小的头，可以吃到更高处的植物。

## 原始的蜥脚形类
（蜥脚类的前身）

原始的蜥脚形类大多是植食性恐龙，既能四足行走，又能两足行走。原始的蜥脚形类主要为板龙。

## 蜥脚类
（体形巨大的长脖子恐龙）

相对于原始的蜥脚形类来说，蜥脚类的出现较晚。它们体形过大，只能四足行走。蜥脚类有迷惑龙、阿根廷龙和腕龙。

## 手盗龙类

属于手盗龙类的恐龙：长颈、植食性的镰刀龙类，如北票龙；头部很短，有的窃蛋龙类，如尾羽龙；大脑和眼睛都很大的伤齿龙类，如伤齿龙；驰龙类，如伶盗龙；前肢很短、外形奇特的阿尔瓦雷斯龙类，如鸟面龙；还有鸟翼类（鸟类），如始祖鸟。

# 如何命名新恐龙

　　假如你找到一种新恐龙，接下来你该怎么办？直接打电话给当地报社，宣布新恐龙的名字吗？这样是不会被全世界的科学家承认的。

　　要正确命名你发现的恐龙，必须遵循以国际法规为指导的科学程序。具体来说，新恐龙的命名必须符合国际动物命名法委员会 (ICZN) 的要求。

　　一、你必须撰写一篇科学论文，解释你发现的恐龙的独特特征。这篇论文需要解释为什么你发现的恐龙是新物种。

　　二、你的论文必须在经过同行评审的科学期刊或书籍中发表。

　　三、你挖出的标本（称为"模式标本"）必须存放在博物馆，并且这个博物馆可以承诺长期负责持续的保管工作。

　　四、模式标本必须可供其他科学家研究。

　　那么，在写论文时，该如何确定新恐龙的名字呢？

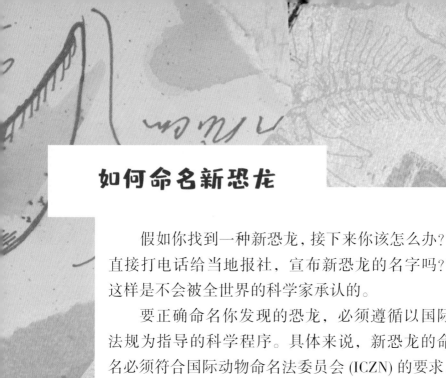

　　新恐龙的名字应该基于拉丁语或古希腊语。一般来

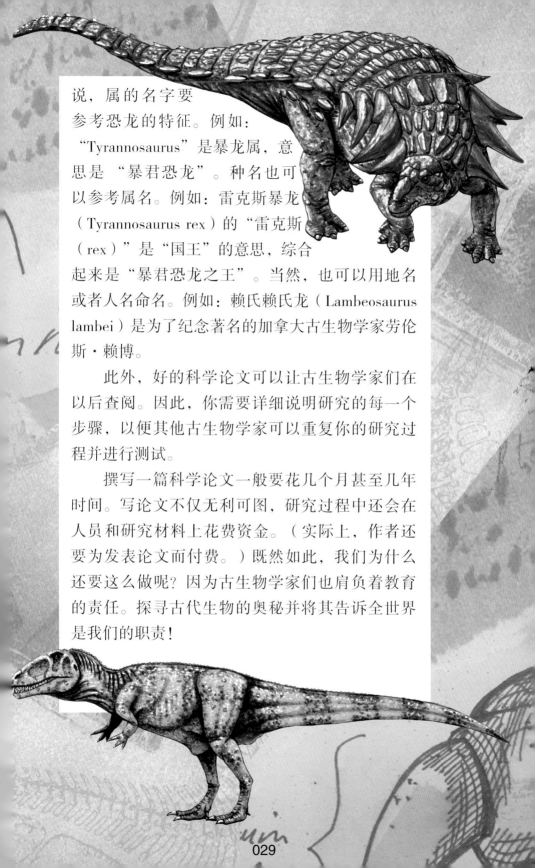

说，属的名字要参考恐龙的特征。例如："Tyrannosaurus"是暴龙属，意思是"暴君恐龙"。种名也可以参考属名。例如：雷克斯暴龙（Tyrannosaurus rex）的"雷克斯（rex）"是"国王"的意思，综合起来是"暴君恐龙之王"。当然，也可以用地名或者人名命名。例如：赖氏赖氏龙（Lambeosaurus lambei）是为了纪念著名的加拿大古生物学家劳伦斯·赖博。

此外，好的科学论文可以让古生物学家们在以后查阅。因此，你需要详细说明研究的每一个步骤，以便其他古生物学家可以重复你的研究过程并进行测试。

撰写一篇科学论文一般要花几个月甚至几年时间。写论文不仅无利可图，研究过程中还会在人员和研究材料上花费资金。（实际上，作者还要为发表论文而付费。）既然如此，我们为什么还要这么做呢？因为古生物学家们也肩负着教育的责任。探寻古代生物的奥秘并将其告诉全世界是我们的职责！

# 绘制恐龙复原图

你看到的所有带着"皮肉"的恐龙复原图都有点儿"科幻"的意味。就像好的科幻作品一样，这些图画虽然是基于事实的，但也包含大量的想象和猜测。在绘制恐龙复原图时，艺术家们一般遵循以下几个步骤：

⬡ 首先，艺术家们要复原恐龙的骨架。如果有些骨骼缺失，则需要参考复原目标的近亲进行复原。

⬡ 其次，艺术家们要在复原的骨架上填充肌肉。复原过程要参考骨骼化石上保存下来的肌肉附着痕迹，或与现生动物进行比较。

⬡ 再次，艺术家们把皮肤覆盖在肌肉上。

⬡ 然后，艺术家们在皮肤上覆盖鳞片或羽毛。虽然几乎所有恐龙都有部分皮肤被鳞片覆盖，但目前科学家们只知道少数几种恐龙的鳞片覆盖模式和形态。此外，在20世纪90年代后期，科学家们发现，一些小型的、行动敏捷的肉食性恐龙有羽毛或头发状的原始羽毛。目前，仅有中国在一个地层组中发掘出这类带羽毛的小型肉食性恐龙。

因此，其他恐龙的羽毛形态和尺寸主要参考现生物种。

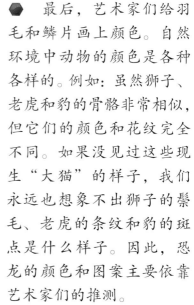

● 最后，艺术家们给羽毛和鳞片画上颜色。自然环境中动物的颜色是各种各样的。例如：虽然狮子、老虎和豹的骨骼非常相似，但它们的颜色和花纹完全不同。如果没见过这些现生"大猫"的样子，我们永远也想象不出狮子的鬃毛、老虎的条纹和豹的斑点是什么样子。因此，恐龙的颜色和图案主要依靠艺术家们的推测。

总的来说，虽然我们知道暴龙（又名"霸王龙"）和伶盗龙（电影中译为"迅猛龙"）骨骼的样子，但我们无法彻底弄清它们的外表是什么样，除非电影《侏罗纪世界》的故事变成真的……

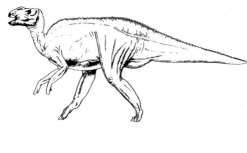

# 恐 龙

## 阿贝力龙
### "纪念罗伯托·阿贝力的恐龙"
**命名年份：1985**

**发现地点：**阿根廷里奥内格罗省

**食物：**其他恐龙，如泰坦巨龙类、鸭嘴龙类和小型鸟脚类。

**体形：**身长约7.9米，臀高约2米。

**体重：**约1.4吨

**友邻：**无

**敌人：**奥卡龙

与身高约1.2米的小孩儿对比

阿贝力龙是南美洲恐龙中的顶级掠食者。在晚白垩世，暴龙和它的近亲统治着北半球各大陆，而阿贝力龙类成员则统治着南美洲、印度和马达加斯加。

与暴龙类相似，阿贝力龙类也有很大的头骨和粗壮的吻部。和暴龙类不同的是，阿贝力龙类的牙齿相对较小。它还有高度愈合的头顶部骨骼，可以用来在同类之间争斗。目前，科学家们仅发现了一个巨大而完整的阿贝力龙头骨，其长度超过85厘米。

| 2.52亿年前 | 2.01亿年前 | 1.45亿年前 | 6600万年前 |
|---|---|---|---|
| 三叠纪 | 侏罗纪 | 白垩纪 | |

7500万年前—7000万年前

# 异特龙
## "与众不同的恐龙"
### 命名年份：1887

异特龙是晚侏罗世最普遍，也可能是最危险的掠食者。它嘴里长满了刀片一样的牙齿。对异特龙来说，捕食像弯龙这样没有攻击性的恐龙比较容易；像剑龙这样的恐龙会毫不犹豫地反击；而蜥脚类恐龙的体形太大，可以轻易地将形单影只的成年异特龙碾碎。

异特龙一生都过着"刀尖舔血"的日子。有一件保存于美国史密森尼学会的异特龙标本，其肩部骨骼骨裂，肋骨骨折，下颌也严重骨折，以至于古生物学家们在近100年的时间里都没认出这是异特龙的下颌化石！但是，这也说明了异特龙是"硬汉"恐龙：即使身受重伤，还可以挣扎着活很久。

**趣闻：** 第一件被发现的异特龙化石是一块破损到仅剩一半的背椎，而且最初还被当成石化的马蹄。

**发现地点：** 美国蒙大拿州、怀俄明州、科罗拉多州、新墨西哥州、俄克拉何马州、犹他州、南达科他州，葡萄牙

**食物：** 其他恐龙

**体形：** 身长约12米，臀高约3米。

**体重：** 约4.5吨

**友邻：** 无

**敌人：** 剑龙、蛮龙、食蜥王龙和角鼻龙

| 2.52亿年前 | 2.01亿年前 | 1.45亿年前 | 6600万年前 |
|---|---|---|---|
| 三叠纪 | 侏罗纪 | 白垩纪 | |

1.5亿年前—1.4亿年前

与身高约1.2米的小孩儿对比

# 高吻龙
## "高耸的鼻子"
### 命名年份：1998

**趣闻：** 高吻龙的大鼻子可以发出类似木管乐器一样的声音。

**发现地点：** 蒙古

**食物：** 可能是早期开花植物、苏铁和银杏

**体形：** 身长约8米，臀高约2米。

**体重：** 约4吨

**友邻：** 鹦鹉嘴龙

**小贴士：** 第一件高吻龙头骨（不包括身体）曾在世界各地巡展中展出。

高吻龙有宽阔的喙，能够吃下坚硬粗糙的植物。宽阔的鼻腔使它有灵敏的嗅觉，并在繁殖季节能够更容易地识别同类。在高吻龙这个群体中，大鼻子可是非常有吸引力的！

一般认为，高吻龙比禽龙特化程度更高，但比鸭嘴龙更原始，因为它的体形更像禽龙，但头骨结构类似鸭嘴龙。多年来，这种恐龙一直被命名为"东方禽龙"。科学家们曾认为它和之前在英国发现的禽龙是近亲。直到1998年，研究禽龙类的权威戴维·诺曼才修正了禽龙的分类，并给所谓的"东方禽龙"一个新名字——"库氏高吻龙"。

与身高约1.2米的小孩儿对比

| 2.52亿年前 | 2.01亿年前 | 1.45亿年前 | 6600万年前 |
|---|---|---|---|
| 三叠纪 | 侏罗纪 | 白垩纪 | |

1.2亿年前—1亿年前

阿玛加龙是非常特殊的蜥脚类恐龙。它最显著的特征是两列棘刺像两列帆一样，从脖子后面一直延伸到背部。这些帆有许多功能，但也存在缺陷。有了这些帆，阿玛加龙的体形看起来更大，可以吓退一些掠食者。此外，背帆在某些情况下可以当作太阳能板，在太阳出来时吸收热量，在阴凉处又可以散热。不利的一面是，背帆限制了阿玛加龙脖子和头部的活动范围。同时，这些背帆也很脆弱，如果被掠食者攻击，很容易受伤。

**趣闻：** 一些阿玛加龙颈椎上的棘刺有 50 厘米长。

**发现地点：** 阿根廷的巴塔哥尼亚地区

**食物：** 松柏、苏铁和银杏

**体形：** 身长约 9 米，臀高约 2.5 米。

**体重：** 约 15 吨

**小贴士：** 世界上第一件装架的阿玛加龙骨骼目前在阿根廷的布宜诺斯艾利斯。

| 2.52亿年前 | 2.01亿年前 | 1.45亿年前 | 6600万年前 |
|---|---|---|---|
| 三叠纪 | 侏罗纪 | 白垩纪 | |

1.3 亿年前—1.25 亿年前

与身高约 1.2 米的小孩儿对比

# 甲龙
## "骨片愈合的恐龙"
### 命名年份：1908

**趣闻：** 甲龙有 8 个鼻窦腔，而结节龙等其他甲龙类恐龙和人类一样，只有 4 个鼻窦腔。

**发现地点：** 美国蒙大拿州、怀俄明州，加拿大艾伯塔省

**食物：** 开花植物，如木兰。还可能以一些小昆虫为食。

**体形：** 身长约 7.5 米，臀高约 1.2 米。

**体重：** 约 3 吨

**小贴士：** 甲龙是装甲龙类中最后一个出现的成员。

甲龙是甲龙类的代表性物种。它的体表覆盖着多种类型的盾甲，且相互之间愈合在一起，因此被称为"恐龙中的坦克"。

甲龙类的甲片有空心的，也有实心的。这些甲片分布在身体的背部和尾部，头部的甲片就像一个橄榄球头盔长在上面，皮肤覆盖住它。甲龙类无法逃脱兽脚类的追捕，所以需要这种重装防御。1998 年，一种新的甲龙类被命名为"活堡龙"，意为"活着的城堡"。

甲龙的尾椎末梢愈合，形成一个巨大的战锤。当它甩动尾锤时，高度正好在暴龙等兽脚类恐龙的膝盖部位。多么有战略意义的武器！

与身高约 1.2 米的小孩儿对比

| 2.52亿年前 | 2.01亿年前 | 1.45亿年前 | 6600万年前 |
|---|---|---|---|
| 三叠纪 | 侏罗纪 | 白垩纪 | |

6600 万年前

# 安祖龙
## "神话中带羽毛的恶魔"
### 命名年份：2014

**趣闻**：安祖龙与三角龙、暴龙生活在一起。

**发现地点**：美国蒙大拿州、北达科他州、南达科他州和加拿大萨斯喀彻温省

**食物**：可能是一些小型蜥蜴、哺乳动物、植物、蛋和昆虫

**体形**：身长约 3.5 米，臀高约 1.5 米。

**体重**：约 300 千克

**小贴士**：安祖龙是北美洲最大的窃蛋龙类恐龙，但安祖龙的中国近亲巨盗龙可以长到蛇发女怪龙那么大。

安祖龙是类似鸟的窃蛋龙类恐龙，与尾羽龙是近亲。安祖龙的上下颌没有牙齿，有一个角质喙，与现在的鸟类或乌龟相似。

想要搞清楚窃蛋龙类的食性是很困难的。它们是肉食性恐龙、植食性恐龙还是两者皆是？有关安祖龙上下颌功能的研究显示，它可能主要以植物为食，但也可能吞食蛋、哺乳动物、两栖动物、幼年恐龙或其他小动物。

许多窃蛋龙类头部都有很高的冠，安祖龙也是如此。它的冠可能用来向异性或其他同类炫耀。

| 2.52亿年前 | 2.01亿年前 | 1.45亿年前 | 6600万年前 |
|---|---|---|---|
| 三叠纪 | 侏罗纪 | 白垩纪 | |

6600 万年前

与身高约 1.2 米的小孩儿对比

037

# 迷惑龙

## "令人迷惑的恐龙"

### 命名年份：1877

**趣闻：** 为了获得更多的赞助，科学家用一个富商妻子的名字命名了一种迷惑龙的种名。

**发现地点：** 沿着落基山脉，从美国俄克拉何马州到加拿大。

**食物：** 苏铁、银杏、蕨类和松柏

**体形：** 身长约21米，臀高约3米。

**体重：** 约25吨

迷惑龙长得非常像它最近的亲戚——梁龙。但是，从细节来看，它们又非常不同。迷惑龙很胖，骨骼粗壮；梁龙比较瘦，骨骼也相对纤细。

迷惑龙是骨骼复原图最早在报纸上发表的恐龙之一。19世纪80年代，这种体形巨大的恐龙成为世界新闻头条。

迷惑龙和其他大型植食性蜥脚类近亲的一个共同特征是，鼻腔的开口在头部上方、眼睛之后。古生物学家们曾因此认为迷惑龙的鼻孔在头顶上。但是，通过对头骨前部的研究发现，迷惑龙的

| 2.52亿年前 | 2.01亿年前 | 1.45亿年前 | 6600万年前 |
|---|---|---|---|
| 三叠纪 | 侏罗纪 | 白垩纪 | |

1.54亿年前—1.5亿年前

鼻孔其实在脸的前侧（与猫、狗和人类一样）。这说明迷惑龙可以更容易地嗅到食物。

迷惑龙对其他恐龙的研究产生了深远的影响。20世纪70年代，通过研究迷惑龙的骨架，科学家们证明了蜥脚类恐龙是生活在陆地上，而不是之前认为的水中。研究古生物的形态结构及其功能关系的科学，叫形态功能学。因为迷惑龙体形足够大，所以它是很适合进行这类研究的恐龙。

**友邻**：梁龙和圆顶龙
**敌人**：异特龙、角鼻龙和蛮龙
**小贴士**：迷惑龙和雷龙曾被认为是两种不同的恐龙，后来科学家们认为它们其实是一种恐龙。然而，2015年的新研究显示，迷惑龙和雷龙是两种不同的恐龙。

与身高约 1.2 米的小孩儿对比

# 古角龙

## "古老的有角的恐龙"
### 命名年份：1997

**趣闻：** 这种小型恐龙可能比成年人类跑得还快。

**发现地点：** 中国甘肃省

**食物：** 植物

**体形：** 身长约72厘米，臀高约35厘米。

**体重：** 约22千克

**友邻：** 其他角龙类和小型甲龙类

**敌人：** 幼年兽脚类恐龙或其他肉食性恐龙

**小贴士：** 虽然古角龙的头跟狗头差不多大，但咬合力要大得多。

古角龙有咬合力强大的上下颌和尖锐的喙部。尖锐的喙部意味着它不得不对食物很挑剔，当然这在自我防卫时也非常有用。古角龙可能以某些特殊植物或一些植物的特殊部位为食。强大的咬合力可以像剪刀一样剪掉树皮和枝杈那样的硬质部分。

古角龙是很早出现的角龙类，但不是最早的。2006年，科学家报道了古角龙更早的亲戚——隐龙。隐龙来自1.6亿年前的侏罗纪。这说明原始的角龙类已经在更早以前就出现在世界各地了。

与身高约1.2米的小孩儿对比

| 2.52亿年前 | 2.01亿年前 | 1.45亿年前 | 6600万年前 |
|---|---|---|---|
| 三叠纪 | 侏罗纪 | 白垩纪 | |

1.3亿年前—1.2亿年前

# 始祖鸟
## "原始的翅膀"
**命名年份：1861**

**趣闻**：从始祖鸟的羽毛结构，科学家们推断，它也许能飞行，但不会飞得太好。

**发现地点**：德国，也可能存在于葡萄牙。

**食物**：小型哺乳动物和爬行动物

**体形**：身长约50厘米，臀高约19厘米，翼展61厘米。

**体重**：约400克

**小贴士**：这种早期鸟类的所有骨骼化石都发现于细密的页岩沉积物中。正是这种很细的沉积物可以把羽毛这种细微的结构保存下来。

始 祖 鸟 是已知最古老和最原始的鸟类之一，也是迄今发现最重要的化石之一。始祖鸟有一些鸟类的特征，如叉骨、羽毛和朝后的耻骨。它还有一些在原始爬行动物中常见，但在现代鸟类中比较少见的特征，如牙齿、前爪和较长的骨质尾巴。随着更多的恐龙化石被发掘，尤其是小型肉食性恐龙的化石，古生物学家们发现这些恐龙和比它们小得多的始祖鸟有很多相似之处，包括叉骨、羽毛和朝后的耻骨。科学家们认为始祖鸟和其他鸟类是一支小型肉食性恐龙的后代。

| 2.52亿年前 | 2.01亿年前 | 1.45亿年前 | 6600万年前 |
|---|---|---|---|
| 三叠纪 | 侏罗纪 | 白垩纪 | |

1.5 亿年前—1.4 亿年前

与身高约 1.2 米的小孩儿对比

# 重爪龙
## "沉重的爪子"
**命名年份：1986**

**趣闻：** 因其巨大的拇指指爪，重爪龙被称为"大爪子"。

**发现地点：** 英国萨里郡

**食物：** 包括禽龙在内的其他恐龙和鱼

**体形：** 身长约 10 米，臀高约 2.5 米。

**体重：** 约 1.7 吨

**友邻：** 无

**敌人：** 新猎龙

**小贴士：** 重爪龙是北半球发现的第一种棘龙类恐龙。

与身高约 1.2 米的小孩儿对比

重爪龙是由业余化石收藏家威廉·沃克发现的。重爪龙属于棘龙类，与北非的棘龙和似鳄龙同属于一个大家庭。虽然重爪龙的体形比这两个亲戚小一些，但它仍然是个大型掠食者。它有长而狭窄的吻部，嘴里长满了圆锥状的牙齿——与典型的肉食性恐龙的刀片状牙齿非常不同。

一些古生物学家认为重爪龙可能吃鱼。还有一些古生物学家认为重爪龙以其他恐龙为食。实际上，在萨里郡发现的化石证实了这两种观点都成立。在重爪龙的腹部，古生物学家们发现了部分消化的大型鱼类鳞片和幼年禽龙的骨骼化石。这意味着重爪龙兼食鱼类和其他恐龙。

| 2.52亿年前 | 2.01亿年前 | 1.45亿年前 | 6600万年前 |
|---|---|---|---|
| 三叠纪 | 侏罗纪 | 白垩纪 | |

1.3 亿年前—1.2 亿年前

# 北票龙
## "来自北票的恐龙"
### 命名年份：1999

北票龙属于镰刀龙类。镰刀龙类也被称为"地懒"一般的恐龙。它们有短而宽厚的足部、胖胖的肚子、长长的脖子、巨大的爪子和小小的脑袋。镰刀龙类的牙齿呈叶状，和一些植食性恐龙类似，这意味着兽脚类恐龙当中也有吃植物的成员！

北票龙的发现主要是因为一具从中国东北部义县组地层挖掘的不完整骨骼。义县组地层是由非常细密的火山灰组成的，这意味着其中的化石可以保存恐龙的许多微小细节。

化石显示北票龙的身体覆盖着又长又细的纤维。这些纤维是一种原始羽毛，作用可能是保温或展示，也可能两者兼有。

**趣闻**：北票龙是已知体形最小的镰刀龙类恐龙。它的近亲镰刀龙像雷克斯暴龙一样体形巨大，爪子可能有90厘米长。

**发现地点**：中国辽宁省北票市

**食物**：松柏、苏铁、银杏和最早的开花植物

**体形**：身长约2.2米，臀高约0.88米。

**体重**：约85千克

**小贴士**：北票龙是已知最早的长有原始羽毛的镰刀龙类恐龙。

| 2.52亿年前 | 2.01亿年前 | 1.45亿年前 | 6600万年前 |
|---|---|---|---|
| 三叠纪 | 侏罗纪 | 白垩纪 | |

1.3亿年前—1.2亿年前

与身高约1.2米的小孩儿对比

# 腕龙

## "手臂巨大的恐龙"

命名年份：1903

腕龙是非常壮观的恐龙。它的名字源于巨大的肱骨，它的肱骨比绝大部分成年人都高！腕龙的化石最早于 1900 年在美国科罗拉多州被发现，并于 1903 年被命名。

在过去的一个世纪里，腕龙被认为是最高的恐龙。它有 15 米高，远超其他动物。想象一下，当你爬上一栋 5 层楼的建筑并低头看向街道

**趣闻：** 腕龙生活在侏罗纪的美国，和它非常相似的长颈巨龙生活在非洲。科学家们认为非洲和北美洲在侏罗纪应该是相连的。

**发现地点：** 美国科罗拉多州、犹他州、怀俄明州和俄克拉何马州

| 2.52亿年前 | 2.01亿年前 | 1.45亿年前 | 6600万年前 |
|---|---|---|---|
| 三叠纪 | 侏罗纪 | 白垩纪 | |

1.5 亿年前—1.4 亿年前

时，你的腿就站在街道上。能感受到吗？腕龙就是这么高！然而，现在"最高恐龙"的头衔恐怕要给其他恐龙了——目前已知最高的恐龙是命名于 2000 年的波塞冬龙。科学家们推测波塞冬龙站起来有 18 米高。

另外，一些计算机专家认为腕龙可能无法把脖子抬得像之前大家估计的那样高。它的脖子大概会抬起 45~60 度。虽然这会影响我们对它高度的估计，但不会影响它的长度，也不会改变我们对这种庞然大物的认识。

**食物：**松柏、苏铁和银杏
**体形：**身长约 24 米，臀高约 7 米。
**体重：**约 30 吨
**友邻：**圆顶龙和迷惑龙
**敌人：**异特龙、角鼻龙和蛮龙
**小贴士：**腕龙因体形过大而没有天敌。

与身高约 1.2 米的小孩儿对比

# 圆顶龙
## "有巨大腔体的恐龙"
### 命名年份：1877

**趣闻**：圆顶龙是少数几种在成年个体旁边发现幼年个体化石的恐龙之一。

**发现地点**：美国科罗拉多州、怀俄明州、犹他州、新墨西哥州和蒙大拿州

**食物**：松柏、苏铁和银杏

**体形**：身长约15米，臀高约2.1米。

**体重**：约25吨

**小贴士**：圆顶龙的研究是19世纪70年代著名的"化石战争"的一部分。当时，爱德华·德林克·科普和奥斯尼尔·C.马什两个古生物学家竞相命名新恐龙物种。

与身高约1.2米的小孩儿对比

圆顶龙是最胖的蜥脚类恐龙之一，也是长脖子的植食性恐龙。它的头部较大，呈箱状，牙齿呈勺状，有强大的咬合力和较宽的咬合面。圆顶龙一般以比较粗糙的高纤维植物为食，几乎不咀嚼，直接将植物吞入肚中。这也是它吞入一些石头当作胃石的原因——可以帮助它在胃部研磨植物。

圆顶龙的名字源于它脊椎内部类似圆顶建筑内部的腔体。这些空腔可以减轻骨骼的重量，并保持骨骼强度。一些科学家认为，这些腔体里有气囊，气囊与肺部相连，构成了类似鸟类的气囊呼吸系统。这些气囊可以极大地提高空气在肺部流通的效率。

| 2.52亿年前 | 2.01亿年前 | 1.45亿年前 | 6600万年前 |
|---|---|---|---|
| 三叠纪 | 侏罗纪 | 白垩纪 | |

1.54亿年前—1.5亿年前

# 弯龙
## "弯曲的恐龙"
### 命名年份：1879

弯龙是鸟脚类恐龙，也是有喙的恐龙。弯龙的名字源于它弯曲的大腿骨，这在很多双足行走的小型恐龙中很常见。这种结构使恐龙在行走的时候大腿骨位于体腔之外，不会影响灵活性。快速逃跑是弯龙对付掠食者最好的办法。

弯龙对于研究鸟脚类恐龙来说非常重要，因为这一支系最后演化出了鸭嘴龙类恐龙。科学家们已经在弯龙身上看到一些相关的适应特征。例如：为了适应更大的体形，弯龙有更厚、更宽的髋部骨骼。

总体而言，弯龙化石很稀少。这可能是因为弯龙生活在落基山脉的莫里森组地层，那里到处都是捕食弯龙的肉食性恐龙。

**趣闻**：弯龙是与禽龙关系最近的近亲之一。

**发现地点**：美国科罗拉多州、怀俄明州、犹他州、俄克拉何马州和蒙大拿州

**食物**：松柏、苏铁、银杏和木贼

**体形**：身长约4.5米，臀高约1.5米。

**体重**：约0.5吨

**小贴士**：用于命名弯龙的化石标本目前收藏于美国的史密森尼学会。

| 2.52亿年前 | 2.01亿年前 | 1.45亿年前 | 6600万年前 |
|---|---|---|---|
| 三叠纪 | 侏罗纪 | 白垩纪 | |

1.54亿年前—1.5亿年前

与身高约1.2米的小孩儿对比

# 鲨齿龙

## "有大白鲨牙齿的恐龙"

### 命名年份：1931

**趣闻：** 鲨齿龙的头骨非常狭窄。它的双眼朝向两边，因此它很难完全聚焦到正前方，但可以更好地注意四周的情况。

**发现地点：** 摩洛哥、尼日尔和埃及

**食物：** 其他恐龙，比如泰坦巨龙类

**体形：** 身长约12米，臀高约3.6米。

**体重：** 约6吨

**友邻：** 无

**敌人：** 棘龙和三角洲奔龙

**小贴士：** 鲨齿龙的牙齿是非洲北部最常见的一种化石。

鲨齿龙最先被发现的化石是它的大牙。在1927年的报道中，科学家们认为这些牙齿属于巨大的巨齿龙类。到1931年，科学家们意识到这些牙齿可能属于一种全新的恐龙。因为牙齿和大白鲨相似，所以他们用"大白鲨牙齿"来命名这种恐龙。

科学家们后来终于在非洲北部发现了鲨齿龙的骨骼化石，并意识到它是体形像雷克斯暴龙一样大的掠食者。可惜的是，这些收藏于德国一个博物馆的化石在第二次世界大战期间被炸毁了。几十年后，保罗·塞雷诺领导的古生物学家团队发现了迄今为止最完整的鲨齿龙化石。

与身高约1.2米的小孩儿对比

| | 2.52亿年前 | 2.01亿年前 | 1.45亿年前 | 6600万年前 |
|---|---|---|---|---|
| | 三叠纪 | 侏罗纪 | 白垩纪 | |

9900万年前—9400万年前

# 食肉牛龙

## "食肉的牛"

**命名年份：1985**

食肉牛龙是非常奇特的肉食性恐龙。它的头骨很短，顶部有骨甲，眼睛上方有一对短粗的骨角，颈部和肩胛骨都非常发达强壮，但胳膊极短，前臂短到只能看到手！就连雷克斯暴龙都没有这么短的前臂。

由于食肉牛龙的头骨短小，它应该很难捕食大型植食性猎物，但或许可以凭借较快的速度追上那些较小的猎物。

食肉牛龙头顶的角更类似公牛的角，因此它的功用可能也像公牛角一样，用来进行内部打斗。通过这种方式，两个食肉牛龙可以用相对和平、避免受伤的方式进行种内争斗。

**趣闻：** 最早发现的也是迄今唯一的食肉牛龙标本保存了全身的皮肤印痕。

**发现地点：** 阿根廷丘布特省

**食物：** 其他恐龙

**体形：** 身长约6.5米,臀高约2米。

**体重：** 约1吨

**小贴士：** 在迈克尔·克莱顿的小说《侏罗纪公园2：失落的世界》中，使用基因手段复活的食肉牛龙有和变色龙一样的变色能力。然而，真实的恐龙几乎不可能有这种能力。

| 2.52亿<br>年前 | 2.01亿<br>年前 | 1.45亿<br>年前 | 6600万<br>年前 |
|---|---|---|---|
| 三叠纪 | 侏罗纪 | 白垩纪 | |

7500万年前—7000年前

与身高约1.2米的小孩儿对比

# 尾羽龙

## "尾部有羽毛的恐龙"

**命名年份：1998**

**趣闻：** 一些尾羽龙化石中保存了有助于研磨食物的胃石。

**发现地点：** 中国辽宁省锦州市

**食物：** 可能吃植物、小型蜥蜴、哺乳动物和蛋

**体形：** 身长约 61 厘米，臀高约 50 厘米。

**体重：** 约 11 千克

**小贴士：** 锦州在尾羽龙化石发现地点附近建了一座博物馆——中德古生物博物馆。

尾羽龙是 20 世纪最令人惊喜的恐龙发现之一。标本展示了在前肢和尾部有羽毛的非鸟类恐龙。一些科学家们曾认为尾羽龙是丧失飞行能力的原始鸟类，但后来对其骨骼的详细研究显示，尾羽龙属于窃蛋龙类恐龙。窃蛋龙类是生活在晚白垩世亚洲和北美洲的肉食性恐龙。

尾羽龙的前肢非常短，所以基本可以确定没有飞行能力。那么，它为什么会有羽毛呢？一种可能是，尾羽龙会用羽毛进行种内交流，类似孔雀羽毛的作用；另外，它也可能在孵蛋的时候用羽毛保温；还有一种可能是，它的祖先能够飞行，但后代像鸵鸟一样，逐渐失去飞行能力。

与身高约 1.2 米的小孩儿对比

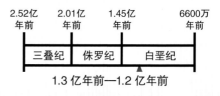

| 2.52亿年前 | 2.01亿年前 | 1.45亿年前 | 6600万年前 |
|---|---|---|---|
| 三叠纪 | 侏罗纪 | 白垩纪 | |

1.3 亿年前—1.2 亿年前

## 尖角龙
### "长有马刺一样尖角的恐龙"
**命名年份：1904**

尖角龙化石于 19 世纪在加拿大艾伯塔省被发现。这是世界上最大的恐龙墓地之一。20 世纪 80 年代，古生物学家们在这里发现了"尖角龙骨床"，有上千具尖角龙骨骼。这些恐龙可能在洪水期穿越河流时死亡。大量的化石给了科学家们研究尖角龙成长过程的好机会。

关于尖角龙和独角龙是否是同一种恐龙，科学家们争论了多年。角龙类在个体发育过程中形态变化很大。幼年角龙没有成年角龙头骨常见的骨瘤、骨钩、骨刺和骨质突起。因此，科学家们认为之前被命名的独角龙是尖角龙或其他角龙类的幼年个体。

**趣闻：** 尖角龙化石当中最常见的损伤是尾部骨折，意味着对尖角龙来说，被踩到是很常见的事。

**发现地点：** 加拿大艾伯塔省

**食物：** 松柏、苏铁、银杏和开花植物

**体形：** 身长约 6 米，臀高约 2 米。

**体重：** 约 3 吨

**小贴士：** 艾伯塔省立恐龙公园是联合国认定的世界自然遗产。

| 2.52亿年前 | 2.01亿年前 | 1.45亿年前 | 6600万年前 |
|---|---|---|---|
| 三叠纪 | 侏罗纪 | 白垩纪 | |

8000 万年前—7000 万年前

与身高约 1.2 米的小孩儿对比

# 角鼻龙
## "带角的恐龙"
### 命名年份：1884

趣闻：虽然角鼻龙体形比异特龙小，但牙齿更大一些。

发现地点：美国科罗拉多州、怀俄明州和犹他州

食物：其他恐龙，如蜥脚类、剑龙类、鸟脚类和小型兽脚类。

体形：身长约 7.2 米，臀高约 1.9 米

体重：超过 1 吨

小贴士：随着年龄的增长，角鼻龙眼睛前方的鼻角喙越长越大。

角鼻龙是较早发现的有完整骨骼的肉食性恐龙。1883 年，第一件角鼻龙标本发现于美国科罗拉多州。虽然角鼻龙前肢和后肢的部分骨骼缺失，但骨骼的其余部分保存了下来。在这之前，科学家们还没发现一件大型兽脚类化石的骨架完整度超过一半的。这些化石让古生物学家们第一次了解肉食性恐龙的全貌。

角鼻龙是与众不同的肉食性恐龙。它的鼻子上有扁平的角，鼻角和眼睛前面的小角非常脆弱，可能只能用于在同类之间进行交流。它们的前肢非常短小，因此角鼻龙主要的武器是巨大的牙齿和强大的上下颌。

与身高约 1.2 米的小孩儿对比

| 2.52亿年前 | 2.01亿年前 | 1.45亿年前 | 6600万年前 |
|---|---|---|---|
| 三叠纪 | 侏罗纪 | 白垩纪 | |

1.5 亿年前—1.4 亿年前

# 腔骨龙
## "中空的骨头"
**命名年份：1889**

腔骨龙是最早的肉食性恐龙之一。在腔骨龙生活的时代，恐龙刚开始兴盛，尚未统治陆地。那时，鳄类的巨型近亲是顶级掠食者，身披骨甲的鳄类近亲和野牛大小的哺乳动物祖先是主要的大型植食性动物。在当时的环境中，腔骨龙体形虽小，却是非常成功的掠食者，因为它是快速奔跑的灵巧猎手。

1947年，数百具腔骨龙骨骼在美国新墨西哥州的幽灵牧场被发现。这个重要的发现包括了腔骨龙从幼年到老年全部年龄段的个体。除了一些小型蜥蜴，这个发掘地点的化石都是腔骨龙。说明腔骨龙是群聚性的，至少有时是聚在一起的。

**趣闻**：腔骨龙是发现的骨骼化石数量最多的中生代肉食性恐龙。

**发现地点**：美国新墨西哥州和亚利桑那州

**食物**：小型蜥蜴和鱼类

**体形**：身长约3米，臀高约60厘米。

**体重**：约25千克

**友邻**：无

**敌人**：波斯特鳄

| 2.52亿年前 | 2.01亿年前 | 1.45亿年前 | 6600万年前 |
|---|---|---|---|
| 三叠纪 | 侏罗纪 | 白垩纪 | |

2.3亿年前—2.15亿年前

与身高约1.2米的小孩儿对比

# 美颌龙
## "美丽的颌部"
### 命名年份：1861

趣闻：美颌龙是发现的第一种骨骼标本几乎完整的恐龙。

发现地点：德国和法国

食物：小型爬行动物和哺乳动物，可能也吃昆虫。

体形：身长约 1.1 米，臀高约 26 厘米。

体重：约 3.5 千克

友邻：无

敌人：大型兽脚类恐龙

与身高约 1.2 米的小孩儿对比

美颌龙曾被认为是体形最小的恐龙。最早发现的美颌龙化石身长短于 70 厘米，但这件标本可能属于还未成年的个体。即便如此，成年的美颌龙可能也仅有 3.5 千克重。虽然现在科学家们意识到，鸟类是恐龙的一支——许多现在还活着的恐龙比美颌龙要小——但美颌龙这种侏罗纪的小型肉食性恐龙仍旧是中生代最小的恐龙之一。

在首次报道的美颌龙标本腹部，科学家们发现了一种纤细敏捷的蜥蜴。这说明美颌龙和它的巨型近亲一样是肉食性动物（比如暴龙和南方巨兽龙），但它捕食体形更小的猎物。美颌龙与始祖鸟生活在同一个热带小岛上，或许美颌龙也会捕食体形更小的始祖鸟。

美颌龙的前肢很短，可能

无法用来捕猎，但可能会用来抓住咬到的猎物。多年来，科学家们认为美颌龙每只手只有两个指头，就像暴龙类一样。然而，目前的证据显示美颌龙像其他大多数肉食性恐龙一样，每只手有三个指头。

美颌龙可能是中华龙鸟的近亲。像其他亚洲恐龙一样，美颌龙身上可能长着原始羽毛。可惜，已发现的美颌龙标本上既没有保存原始羽毛，也没有保存下来鳞片。

小贴士：目前，科学家们只发现了两件美颌龙标本，一件来自德国，一件来自法国。

电影《侏罗纪世界》中的恐龙！

虽然体态外貌比较接近，但似鸡龙要比美颌龙大得多。

似鸡龙

| 2.52亿年前 | 2.01亿年前 | 1.45亿年前 | 6600万年前 |
|---|---|---|---|
| 三叠纪 | 侏罗纪 | 白垩纪 | |

1.5 亿年前—1.4 亿年前

# 孔子鸟

## "纪念孔子的鸟"

### 命名年份：1995

**趣闻：** 科学家们发现了很多孔子鸟化石。它们可能是中生代最常见的恐龙之一。

**发现地点：** 中国辽宁省

**食物：** 可能吃植物和昆虫

**体形：** 身长约 20 厘米，高约 10 厘米，翼展约 36 厘米。

**体重：** 约 400 克

孔子鸟是最古老、最原始的鸟类之一。它比始祖鸟特化程度更高，因为它和现代鸟类一样，尾部的末端愈合。孔子鸟也是已知最古老的完全失去牙齿的鸟类，但它失去牙齿的过程是独立于现代鸟类发生的。

孔子鸟产自中国著名的义县组地层，大部分标本的羽毛保存完好。这些标本中，一些孔子鸟有两根很长的尾羽，但大部分标本没有。或许有尾羽的是雄性，而没有的是雌性。

科学家们发现的孔子鸟化石标本有几百件。在早白垩世的中国，天空中大概到处是孔子鸟的身影。

与身高约 1.2 米的小孩儿对比

| 2.52亿年前 | 2.01亿年前 | 1.45亿年前 | 6600万年前 |
|---|---|---|---|
| 三叠纪 | 侏罗纪 | 白垩纪 | |

1.3 亿年前—1.2 亿年前

# 盔龙
## "戴头盔的恐龙"
### 命名年份：1914

盔龙是带冠的鸭嘴龙类。科学家们曾根据它头骨顶部的细微差异命名了超过 6 个物种。1975 年，古生物学家彼得·多德森在研究中发现，这些变化是由于两性异形和异速生长所致。换句话说，它们都是同一个物种，在大量雌性和雄性的幼体和成体中，头骨和冠存在一些差异非常正常。

著名的盔龙头冠是由上颌的骨头和鼻骨形成的。这两块骨头在头骨上向后上方生长，鼻腔在其中穿过。这使得它的鼻腔类似于管乐器的内部，比如单簧管。每种带冠的鸭嘴龙类都会发出自己独特的声音，就像管弦乐队中的不同乐器。

**趣闻：** 盔龙是第一种全身皮肤保存完整的恐龙。

**发现地点：** 加拿大艾伯塔省

**食物：** 松柏、苏铁、银杏和被子植物

**体形：** 身长约 10 米，臀高约 2 米。

**体重：** 约 5 吨

**小贴士：** 最完整、最漂亮的盔龙标本目前收藏于纽约的美国自然历史博物馆。

| 2.52亿年前 | 2.01亿年前 | 1.45亿年前 | 6600万年前 |
|---|---|---|---|
| 三叠纪 | 侏罗纪 | 白垩纪 | |

8000 万年前—7000 万年前

与身高约 1.2 米的小孩儿对比

# 冰脊龙

## "冰冠恐龙"

**命名年份：1994**

**趣闻：** 其他发现于南极洲的恐龙都生活在白垩纪，包括南极甲龙和鸟脚类恐龙特立尼龙。

**发现地点：** 南极洲

**食物：** 其他恐龙

**体形：** 身长约6米，臀高约1.5米。

**体重：** 约525千克

**小贴士：** 虽然冰脊龙是南极洲最早命名的中生代恐龙，但企鹅是我们最熟悉的南极洲恐龙。（注意：鸟类是一种恐龙，而企鹅是一种鸟类！）

与身高约1.2米的小孩儿对比

冰脊龙是南极洲第一种被正式命名的恐龙。冰脊龙唯一的化石是1990年在横贯南极山脉发现的。虽然现在的南极洲是一片冰冻的土地，但它并不总是如此。在中生代，世界总体上比现在更温暖，南极洲当时的位置也比现在更往北。那时，南极洲有各种各样的动植物。直到中生代之后，南极洲的陆地才漂移到南极点附近，并被掩埋在冰层中。

冰脊龙是一种肉食性恐龙。它最显著的特征是面朝前的冠。科学家们在冰脊龙化石旁边发现了一种原始的蜥脚形类恐龙——冰河龙，因此原始的蜥脚形类很可能是冰脊龙的猎物。

| 2.52亿年前 | 2.01亿年前 | 1.45亿年前 | 6600万年前 |
|---|---|---|---|
| 三叠纪 | 侏罗纪 | 白垩纪 | |

1.8亿年前—1.7亿年前

# 恐爪龙
## "可怕的爪子"
### 命名年份：1969

恐爪龙是有史以来发现的最重要的恐龙之一，因为它改变了古生物学家们对恐龙的看法。在20世纪很长的一段时间里，科学家们曾认为恐龙是奇怪的演化"死胡同"，它们大多是蠢笨而行动缓慢的动物，也没有活着的后代。然而，古生物学家约翰·奥斯特罗姆后来于1964年发现了恐爪龙。他认为恐爪龙是一种行动敏捷的掠食者，它更像是温血哺乳动物或鸟类，而不像冷血的鳄鱼。在对恐爪龙和早期鸟类始祖鸟的研究中，他意识到鸟类实际上是恐龙的后代，而像恐爪龙和伶盗龙这样的驰龙类是鸟类的近亲。

恐爪龙是科学家们发现的第一个骨架几乎完整的驰龙类恐龙。它可伸缩的镰刀形脚爪可以撕开猎物的内脏。

**趣闻**：恐爪龙有恐怖的爪子和非常厉害的咬合力，有60多颗刀片状牙齿。

**发现地点**：美国蒙大拿州、怀俄明州和俄克拉何马州，在马里兰州也可能有化石。

**食物**：其他恐龙

**体形**：身长约3.4米，臀高约87厘米。

**体重**：约73千克

**小贴士**：电影《侏罗纪世界》中，使用基因手段复活的伶盗龙（"Velociraptor"，在电影中译为"迅猛龙"）在体形上更接近恐爪龙，而真正的伶盗龙要小得多。

| 2.52亿年前 | 2.01亿年前 | 1.45亿年前 | 6600万年前 |
|---|---|---|---|
| 三叠纪 | 侏罗纪 | 白垩纪 | |

1.2亿年前—1.1亿年前

与身高约1.2米的小孩儿对比

## 双冠龙
### "有双冠的恐龙"
### 命名年份: 1970

**双**冠龙是最早的大型肉食性恐龙之一。它是小型恐龙腔骨龙的近亲。小体形的腔骨龙生活在晚三叠世。当时,劳氏鳄和其他与鳄类祖先有关的爬行动物是顶级掠食者。然而,在三叠纪末期发生了一次大灭绝事件,巨型鳄类的近亲们灭绝了。就这样,恐龙成为顶级的肉食性动物。

总的来说,双冠龙看起来像是短脖子、体形较大的腔骨龙。这两种恐龙的鼻子前面都有一个典型的"颈状收细"结构,可能会帮助它们更好地抓住挣扎的猎物。除了体形大小,两者之间另一个显著差异是,双冠龙沿着头骨顶部有一对高大的新月形脊。这对脊非常薄,可能仅用于交流和展示。

与双冠龙脚印相匹配的足迹化石在世界许多地方都可以找到,这种足迹化石的历史可以追溯到早侏罗世。由于当时地球上的大

**发现地点:** 美国亚利桑那州

**食物:** 原始的蜥脚形类和原始鸟臀类恐龙

**体形:** 身长约 6.8 米,臀高约 1.5 米。

**体重:** 约 400 千克

与身高约 1.2 米的小孩儿对比

陆大部分仍以盘古大陆的形式连接在一起，因此这种双冠猎手可能生活在世界的大部分地区。

**小贴士：** 1942 年发现的第一件双冠龙骨骼化石被认为是巨齿龙属的一个新物种。后来，古生物学家萨姆·韦尔斯在实验室发现了它头上的双冠，才意识到是双冠龙。

| 2.52亿<br>年前 | 2.01亿<br>年前 | 1.45亿<br>年前 | 6600万<br>年前 |
|---|---|---|---|
| 三叠纪 | 侏罗纪 | 白垩纪 | |

2 亿年前—1.8 亿年前

# 橡树龙
## "橡树恐龙"
### 命名年份：1878

**趣闻：** 橡树龙比成年人类跑得快。

**发现地点：** 美国怀俄明州、犹他州和科罗拉多州

**食物：** 松柏、苏铁和银杏

**体形：** 身长约3米，臀高约1.7米。

**体重：** 约91千克

**友邻：** 奥斯尼尔洛龙、弯龙和剑龙

**敌人：** 虚骨龙类、嗜鸟龙和异特龙

**小贴士：** 橡树龙的近亲名为"难捕龙"，生活在同一时期的非洲。

橡树龙生活在晚侏罗世。它是一种中小型恐龙。与它最近的亲戚弯龙相比，橡树龙体重非常轻。橡树龙是有喙的鸟脚类恐龙。与身体其他部分相比，它的骨盆很小。它的手臂很短，腿很长却没那么强壮有力，脸部很短，眼睛很大。

橡树龙这样的恐龙必须依靠奔跑来躲避掠食者的追捕，而不是与对方搏斗，所以它必须尽可能地快速生长，腿越长跑得越快。并非所有恐龙都可以和橡树龙一样快速生长。例如：蜥蜴会根据季节间断性地生长。但是，橡树龙会一直持续不断地生长，这对它的生存大有裨益。

与身高约1.2米的小孩儿对比

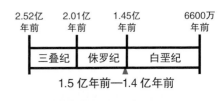

| 2.52亿年前 | 2.01亿年前 | 1.45亿年前 | 6600万年前 |
|---|---|---|---|
| 三叠纪 | 侏罗纪 | 白垩纪 | |

1.5亿年前—1.4亿年前

# 伤龙
## "撕裂的恐龙"
### 命名年份：1866

**伤**龙于 1866 年被科学家们发现，这在恐龙研究史上有非常重要的意义。在此之前，科学家们从未发现过任何肉食性恐龙的前肢或后肢。他们一直认为肉食性恐龙可能类似巨蜥或熊，是四足行走的。然而，他们发现伤龙后，才意识到肉食性恐龙的前肢其实明显短于后肢，因此它们是双足行走的。

此外，伤龙因其超过 21 厘米的巨爪而得名。最初，伤龙的发现者爱德华·德林克·科普以为这个爪子是伤龙的足部。后来，这个爪子被证实属于伤龙的前肢。目前，科学家们还没有发现伤龙更多的骨骼，所以只能猜测伤龙其他部分的样子。

**趣闻：** 查尔斯·耐特绘制的著名复原图曾展示了一只伤龙高高跃起扑向另一只同类的画面。这幅图画得很棒，但对于这么大的恐龙来说，这是不太可能发生的场景。

**发现地点：** 美国新泽西州

**食物：** 鸭嘴龙类

**体形：** 身长约 6.5 米，臀高约 1.8 米。

**体重：** 约 1.2 吨

**友邻：** 无

**敌人：** 无

**小贴士：** 伤龙曾被命名为"暴风龙"，但科学家们后来发现这个名字已经用于命名一种螨虫了！

| 2.52亿年前 | 2.01亿年前 | 1.45亿年前 | 6600万年前 |
|---|---|---|---|
| 三叠纪 | 侏罗纪 | 白垩纪 | |

7500 万年前—7000 万年前

与身高约 1.2 米的小孩儿对比

# 埃德蒙顿甲龙

## "发现于加拿大埃德蒙顿的甲龙"

### 命名年份：1928

埃德蒙顿甲龙是一种结节龙类恐龙，也就是没有尾锤的甲龙。两个肩膀上各有巨大的朝外的棘刺。这些棘刺的高度恰好对着大型兽脚类恐龙的膝盖和小腿，是对付掠食者的强大武器。当埃德蒙顿甲龙被肉食性恐龙袭击时，它会把全身的重量压在棘刺上，来攻击对方的腿，让敌人瞬间失能，它便可以逃过一劫。

虽然埃德蒙顿甲龙的头骨又长又浅，但它有4个鼻窦腔。这样的头骨会更轻，嗅觉也可能更灵敏。相比于埃德蒙顿甲龙庞大的体形，它的牙齿实在很小。单个牙齿仅有1厘米长，5毫米宽——这样的牙齿用来吃植物会比较困难。埃德蒙顿甲龙会不会像食蚁兽一样吃昆虫？或者因为有角质喙，它的牙齿逐渐退化了？这些谜题现在还没有答案。

**趣闻：** 埃德蒙顿甲龙有灵活的装甲。

**发现地点：** 美国蒙大拿州、南达科他州、怀俄明州，加拿大艾伯塔省，美国阿拉斯加州可能也有化石。

**食物：** 松柏、苏铁和银杏

**体形：** 身长不到7米，臀高约2米。

**体重：** 约2.5吨

**小贴士：** 埃德蒙顿甲龙最好的原尺寸复原模型在加拿大皇家蒂勒尔博物馆展出。

与身高约1.2米的小孩儿对比

| 2.52亿年前 | 2.01亿年前 | 1.45亿年前 | 6600万年前 |
|---|---|---|---|
| 三叠纪 | 侏罗纪 | 白垩纪 | |

7500万年前—7000万年前

埃德蒙顿龙是体形最大的无冠鸭嘴龙类恐龙。它有惊人的牙齿，古生物学家们称之为"齿系"。下颌的两侧各有三列牙齿齿列，每列有 60 颗甚至更多的牙齿——它嘴巴里一共有超过 720 颗牙齿，而成年人只有 32 颗！不仅如此，当外面的牙齿磨损时，里面的牙齿就取而代之。这种牙齿被称为"永生齿"。

埃德蒙顿龙主要吃植物，所以需要不断警惕像暴龙和冥河盗龙那样掠食者的攻击。它没有肉食性恐龙跑得快，因此只能"以智取胜"——像狡猾的足球运动员一样摆脱追击——或者成群地活动，来保证大部分同类的安全。

**趣闻：**已发现的完整"恐龙木乃伊"仅有两个，属于埃德蒙顿龙和盔龙。这两个标本都收藏于纽约的美国自然历史博物馆。

**发现地点：**美国怀俄明州、蒙大拿州、南达科他州、阿拉斯加州，加拿大

**食物：**植物

**体形：**身长约 10 米，臀高约 2.5 米。

**体重：**约 5 吨

**友邻：**三角龙

**敌人：**暴龙和冥河盗龙

**小贴士：**埃德蒙顿龙属有三种恐龙。一些研究认为，其中最新命名的一种恐龙属于一个新的属——大鸭龙属。

| 2.52亿年前 | 2.01亿年前 | 1.45亿年前 | 6600万年前 |
|---|---|---|---|
| 三叠纪 | 侏罗纪 | 白垩纪 | |

7700 万年前—6600 万年前

与身高约 1.2 米的小孩儿对比

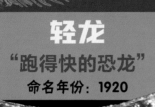

# 轻龙
## "跑得快的恐龙"
### 命名年份：1920

轻龙是一种脖子、尾巴和后腿都很长的肉食性恐龙。目前，科学家们还没发现它的头骨，因此我们还无法知道轻龙脑袋的样子。

对轻龙的认识主要来自坦桑尼亚的腾达古鲁组地层，地层中有一具几乎完整的轻龙骨骼。地层中还保存了最好的非洲晚侏罗世恐龙化石。这个动物群包括一些著名的长颈蜥脚类、剑龙类和有喙的鸟脚类恐龙。

可惜，古生物学家们在腾达古鲁组只发现了非常有限的兽脚类化石，包括牙齿和一些咬痕。唯一接近完整的兽脚类标本就是轻龙的化石。

另外，科学家们在北美洲著名的莫里森组还发现了可能属于轻龙或其近亲的化石。莫里森组和腾达古鲁组一样都是侏罗纪的化石层位。

**趣闻：** 目前展出的轻龙骨骼装架只有一具，但其头骨参考的是伶盗龙。

**发现地点：** 坦桑尼亚，北美洲西部可能也有化石。

**食物：** 小型爬行动物，包括一些更小的恐龙。

**体形：** 身长约 6.2 米，臀高约 1.5 米。

**体重：** 约 210 千克

**小贴士：** 从身体比例来看，轻龙的腿很长。因此，古生物学家们认为，轻龙可能是侏罗纪跑得最快的恐龙。

与身高约 1.2 米的小孩儿对比

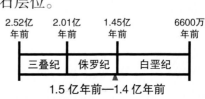

| 2.52亿年前 | 2.01亿年前 | 1.45亿年前 | 6600万年前 |
|---|---|---|---|
| 三叠纪 | 侏罗纪 | 白垩纪 | |

1.5 亿年前—1.4 亿年前

# 始盗龙

## "黎明时分的猎手"

**命名年份：1993**

始盗龙是已知最原始的恐龙。在始盗龙被发现之前，科学家们曾观察过恐龙各大门类中最原始的成员，并发现这些成员大部分身长只有 1 米，且用两条后腿直立行走。后来，里卡多·马丁内斯在阿根廷发现了始盗龙的骨骼化石。这件化石非常符合古生物学家们所设想的恐龙共同祖先的样子——身长仅有 1 米，两足行走。

那么，始盗龙是所有恐龙的祖先吗？答案是否定的。在发现始盗龙的地层中，科学家们还发现了其他生活在晚三叠世特化程度更高的恐龙。这意味着始盗龙出现的时间太晚了。

**趣闻：**始盗龙是在一个叫"月亮谷"的地方被发现的。

**发现地点：**阿根廷

**食物：**小型爬行动物、哺乳动物和植物

**体形：**身长约 1 米，臀高约 39 厘米。

**体重：**约 4.3 千克

**小贴士：**始盗龙的大腿骨刚被发现时，古生物学家们以为这是一种小型的鳄类亲戚。等其余的骨骼被挖出来后，他们才意识到这是恐龙。

| 2.52亿年前 | 2.01亿年前 | 1.45亿年前 | 6600万年前 |
|---|---|---|---|
| 三叠纪 | 侏罗纪 | 白垩纪 | |

2.35 亿年前—2.3 亿年前

与身高约 1.2 米的小孩儿对比

# 似鸡龙
## "鸡的模仿者"
### 命名年份：1972

似鸡龙是最大的似鸟龙类恐龙之一。似鸟龙类的体形很像现在那些不会飞的鸟类，所以也被称为"类似鸵鸟的恐龙"。它们体形不大，胳膊和腿都很长。它们的足部又长又窄，结构紧凑，特殊的减震结构使它们有快速奔跑的能力。似鸟龙类可能是白垩纪跑得最快的恐龙。与驰龙类和暴龙类这样的捕食者生活在同一环境中，跑得快非常有用！此外，它们既没有方便抓握的爪子，也没有强有力的上下颌。因此，它们可能吃一些小动物，也可能吃植物，还有可能和现在的鸵鸟一样，动植物都吃。

虽然很多其他似鸟龙类的上下颌有牙齿，但似鸡龙和它的近亲完全没有牙齿。它的头部前端有喙，眼睛很大，脖子修长纤细。

**趣闻：** 似鸡龙并不是最大的似鸟龙类恐龙。似鸟龙类中，最大的恐手龙可以长得像雷克斯暴龙一样大。

**发现地点：** 蒙古

**食物：** 可能吃小型哺乳动物、爬行动物、植物和昆虫

**体形：** 身长约6米，臀高约1.9米。

**体重：** 约440千克

**小贴士：** 科学家们还没有发现似鸡龙不同个体聚集在一起的化石，但找到了其蒙古近亲群聚的化石。

与身高约1.2米的小孩儿对比

| 2.52亿年前 | 2.01亿年前 | 1.45亿年前 | 6600万年前 |
|---|---|---|---|
| 三叠纪 | 侏罗纪 | 白垩纪 | |

7500万年前—7000万年前

# 怪嘴龙

## "滴水嘴兽一般的恐龙"

### 命名年份：1998

怪嘴龙是最稀有的甲龙类恐龙之一。和其他生活在白垩纪的甲龙不同，怪嘴龙生活在侏罗纪。它有很多原始特征。例如：大多数甲龙的喙部上侧没有牙齿，而怪嘴龙此处有7颗牙齿。一般来说，越原始的恐龙喙部牙齿越多。大部分甲龙有一个较大的、折叠状的鼻腔气体通道，而怪嘴龙的鼻腔通道很小，并且是直的。此外，装甲程度最高的几类甲龙一般有实心的甲片，但怪嘴龙的甲片是空心的。

甲龙类和剑龙类都属于装甲龙类，即"带装甲的"恐龙。它们共同的特征是都有骨质甲片，也就是从皮肤长出来的骨片。

**发现地点：** 美国怀俄明州

**食物：** 松柏、苏铁和银杏

**体形：** 身长约3米，臀高约1米。

**体重：** 约1吨

**友邻：** 剑龙、奥斯尼尔洛龙和迈摩尔甲龙

**敌人：** 嗜鸟龙和蛮龙

**小贴士：** 第一件怪嘴龙头骨和骨架化石目前收藏于美国丹佛自然历史博物馆。

| 2.52亿年前 | 2.01亿年前 | 1.45亿年前 | 6600万年前 |
|---|---|---|---|
| 三叠纪 | 侏罗纪 | 白垩纪 | |

1.54亿年前—1.5亿年前

与身高约1.2米的小孩儿对比

# 加斯帕里尼龙
## "纪念佐兰·加斯帕里尼的恐龙"
**命名年份：1996**

**趣闻：** 鸟脚类恐龙在北美洲很常见，但在南美洲很稀少。南美洲主要的植食性动物是蜥脚类。

**发现地点：** 阿根廷的巴塔哥尼亚地区

**食物：** 松柏、苏铁和银杏，可能也吃早期的开花植物。

**体形：** 身长约 0.8 米，臀高约 0.3 米。

**体重：** 约 34 千克

**小贴士：** 研究加斯帕里尼龙这种小恐龙的科学家和研究巨大的南方巨兽龙的科学家是同一批人。

加斯帕里尼龙是最稀有的鸟脚类恐龙之一，生活在白垩纪中叶。这段时期的恐龙化石非常稀少，一个小展览馆就可以展出全世界发现的这个时期的所有恐龙标本！

加斯帕里尼龙也是一种小型恐龙，其身体结构非常原始。头骨的原始特征包括齿冠很低的牙齿（牙龈线上没有露出太多齿冠）和缩短的面部（后来的鸟脚类有更长的脸）。一般来说，头骨的演化速度比身体骨骼更快，但在加斯帕里尼龙身上情况完全相反，它的后肢更接近更晚出现的鸭嘴龙类，说明它有非常发达的后肢肌肉。

与身高约 1.2 米的小孩儿对比

| 2.52亿年前 | 2.01亿年前 | 1.45亿年前 | 6600万年前 |
|---|---|---|---|
| 三叠纪 | 侏罗纪 | 白垩纪 | |

9000 万年前—8000 万年前

## 加斯顿龙
### "纪念罗伯特·加斯顿的恐龙"
**命名年份：1998**

加斯顿龙是一种体形较小的甲龙类恐龙，身体两侧长着两列很大的、弯曲的棘刺，尾巴上也有两列指向两侧的棘刺。加斯顿龙是甲龙类中装甲程度最高的恐龙之一。它的骨盆有装甲保护，类似欧洲的多刺甲龙类成员。同时，它也有带刺的装甲，这点和北美洲的结节龙类更像。

像大部分晚期甲龙类一样，加斯顿龙的四肢又短又强壮。这意味着加斯顿龙在被掠食者追击时无法快速逃脱，只能与对方战斗到底。这就解释了这套奇特装甲的用处。因为加斯顿龙从肩膀到尾尖都有棘刺，臀部还有巨大的保护骨甲，所以肉食性恐龙根本无法找到下嘴的地方！

**趣闻：** 加斯顿龙的原始标本收藏于美国的东犹他学院。

**发现地点：** 美国犹他州

**食物：** 松柏、苏铁和银杏

**体形：** 身长约6米，臀高约2米。

**体重：** 约1.5吨

**友邻：** 其他小型甲龙

**敌人：** 犹他盗龙

| 2.52亿年前 | 2.01亿年前 | 1.45亿年前 | 6600万年前 |
|---|---|---|---|
| 三叠纪 | 侏罗纪 | 白垩纪 | |

1.3亿年前—1.2亿年前

与身高约1.2米的小孩儿对比

# 南方巨兽龙

## "巨大的南方恐龙"

### 命名年份：1995

**趣闻：** 南方巨兽龙的一件骨骼标本目前在美国德雷塞尔大学自然科学院展出。

**发现地点：** 阿根廷

**食物：** 泰坦巨龙类和其他蜥脚类

**体形：** 身长约 13 米，臀高约 3.9 米。

**体重：** 约 8 吨

南方巨兽龙是最大的肉食性恐龙之一。暴龙曾多年来一直保持着最大肉食性恐龙的记录（虽然化石显示鲨齿龙和棘龙与雷克斯暴龙一样大）。后来，古生物学家鲁道夫·科里亚和莱昂纳多·萨尔加多发现了一种新的肉食性恐龙，体形至少和最大的暴龙一样大。两位科学家将这种恐龙命名为"南方巨兽龙"。它的头骨有 1.8 米长！不仅如此，另一个下颌骨所对应的头骨可能有 2 米长。所以，南方巨兽龙绝

| 2.52亿年前 | 2.01亿年前 | 1.45亿年前 | 6600万年前 |
|---|---|---|---|
| 三叠纪 | 侏罗纪 | 白垩纪 | |

1.1 亿年前—1 亿年前

小贴士：南方巨兽龙的学名 Giganotosaurus 经常被错误地拼写或发音。人们经常丢掉一个"o"，念成"Gigantosaurus"。但是，"Gigantosaurus"这个名字在 1869 年就用于一种长颈蜥脚类的命名。

对是个庞然大物。

与它同时代最常见的南美洲植食性恐龙是泰坦巨龙类，属于蜥脚类恐龙。南方巨兽龙可以单独捕食幼年泰坦巨龙类，但捕食成年泰坦巨龙类可能需要几只南方巨兽龙一起合作。虽然，目前还没有找到它们合作捕猎的具体证据，但最近发现的时代稍晚的一批化石显示，南方巨兽龙的一些后裔可能会成群结队地生活在一起。

与身高约 1.2 米的小孩儿对比

# 蛇发女怪龙

## "令人生畏的恐龙"

### 命名年份：1914

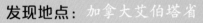

**发现地点：** 加拿大艾伯塔省

**食物：** 尖角龙、戟龙、赖氏龙、盔龙、包头龙和埃德蒙顿甲龙

**体形：** 身长约 8.6 米，臀高约 2.8 米。

**体重：** 约 2.5 吨

**友邻：** 无

> **译者注：** 学名 Gorgosaurus 中的 gorgos 来自希腊神话中的蛇发女怪戈耳工，是 "凶猛" 的意思，因此最早的翻译直接译成了 "蛇发女怪龙"。

蛇发女怪龙是暴龙类恐龙。它是暴龙的近亲，但蛇发女怪龙体形稍小，生活的时代也更早。

暴龙类是非常特化的肉食性恐龙，它们的前肢非常短小，每只手只有两个指头。蛇发女怪龙的前肢也一样短到够不着自己的嘴。暴龙类的腿长而纤细，足部窄而紧凑，形成一种独特的减震足部结构。幼年蛇发女怪龙可能跑得和似鸟龙一样快，而成年蛇发女怪龙会比鸭嘴龙类或角龙类跑得还要快。虽然它的前肢不能用来捕猎，但

| 2.52亿年前 | 2.01亿年前 | 1.45亿年前 | 6600万年前 |
|---|---|---|---|
| 三叠纪 | 侏罗纪 | 白垩纪 | |

8000 万年前—7000 万年前

它可以用强大的上下颌和坚硬的大牙咬住猎物。与大部分肉食性恐龙刀片状的牙齿不同，暴龙类恐龙的牙齿横截面又厚又圆。这些牙齿可以更好地控制和咬住猎物，甚至可以碾碎骨骼。

　　在暴龙类生活的时代，它们是周围环境中最大的掠食者。蛇发女怪龙需要担心的是它的同类，或惧龙等生活在同一时期更大的暴龙类恐龙。当然，蛇发女怪龙在攻击尖角龙或其他角龙类时，还是要格外小心。虽然角龙类主要吃植物，但它们可以用角进行致命的反击。

**敌人：**惧龙
**小贴士：**蛇发女怪龙生活的年代比阿尔伯塔龙更晚。它曾被认为是一种阿尔伯塔龙，因此几乎所有博物馆里展出的"阿尔伯塔龙"都是蛇发女怪龙。

与身高约 1.2 米的小孩儿对比

# 钩鼻龙
## "有鹰钩鼻的恐龙"
### 命名年份：1914

**趣闻**：钩鼻龙属于有"鹰钩鼻"的鸭嘴龙类。

**发现地点**：美国蒙大拿州、犹他州和加拿大

**食物**：鲜花植物，比如木兰和苏铁。

**体形**：身长约8.4米，臀高约2.1米。

**体重**：约3.5吨

**小贴士**：20世纪90年代中期，一种新的鸭嘴龙类恐龙在阿根廷被发现时，曾被归类为小贵族龙。

钩鼻龙是少数几种拥有保存完整的骨骼和头骨的鸭嘴龙类恐龙之一。但是，它与其他鸭嘴龙类的关系仍然是个谜。19世纪50年代，美国新泽西州发现了一只鸭嘴龙类恐龙的不完整骨骼，没有头骨，被命名为"鸭嘴龙"。1910年，新墨西哥州发现了更加完整的鸭嘴龙类骨骼，并将其命名为"小贵族龙"。1914年，加拿大艾伯塔省发现了最完整的鸭嘴龙类骨骼。这件标本有完好的头骨，被命名为"钩鼻龙"。

一些科学家认为钩鼻龙和小贵族龙是同一种恐龙。但是，也有科学家认为它们是两种恐龙。

与身高约1.2米的小孩儿对比

| 2.52亿年前 | 2.01亿年前 | 1.45亿年前 | 6600万年前 |
|---|---|---|---|
| 三叠纪 | 侏罗纪 | 白垩纪 | |

7500万年前

鸭嘴龙标本于 19 世纪 60 年代展出，是第一件在北美洲展出的恐龙骨骼化石。它的骨骼化石显示，一些恐龙只用两条后腿行走，而不像当时科学家们以为的那样用四足行走。但是，我们现在对鸭嘴龙的了解依然很少，因为科学家至今还没有发现它的头骨。

在一些较早的科普书里，可以看到给鸭嘴龙画的头，但其结构主要是根据插画家们的猜测来画的。科学家们曾一度认为他们找到了鸭嘴龙的头骨，但后来发现这个头骨属于其他鸭嘴龙类恐龙，也就是其近亲钩鼻龙。

**发现地点：** 美国新泽西州

**食物：** 开花植物、松柏、苏铁和银杏

**体形：** 身长约 8 米，臀高约 2 米。

**体重：** 约 3 吨

**友邻：** 其他鸭嘴龙类和角龙类

**敌人：** 各种体形的兽脚类

**小贴士：** 鸭嘴龙唯一的标本目前在美国德雷塞尔大学自然科学院展出。

| 2.52亿年前 | 2.01亿年前 | 1.45亿年前 | 6600万年前 |
|---|---|---|---|
| 三叠纪 | 侏罗纪 | 白垩纪 | |

8000 万年前—7000 万年前

与身高约 1.2 米的小孩儿对比

# 埃雷拉龙

## "纪念维多利诺·埃雷拉的恐龙"

命名年份：1963

**趣闻：** 埃雷拉龙最完整的装架化石目前在美国的菲尔德自然史博物馆展出。

**发现地点：** 阿根廷

**食物：** 始盗龙和原始的蜥脚形类，以及原始的鸟臀类。

**体形：** 身长约 3.9 米，臀高约 1.1 米。

**体重：** 约 210 千克

**友邻：** 无

**敌人：** 蜥鳄（巨大的鳄类远亲）

**小贴士：** 1988 年，第一件埃雷拉龙头骨化石被发现。当时，科学家们认为它是一种原始的蜥脚形类恐龙，就像板龙那种长脖子的植食性恐龙。

埃雷拉龙是最古老、最原始的兽脚类恐龙之一。它有很多晚期兽脚类的特征。例如：它用两足行走，前肢有可以抓握的爪子。它的牙齿也像其他兽脚类一样呈刀片状，并且从前到后两侧都有锯齿。这些特征让埃雷拉龙可以更好地抓住猎物，许多后来的兽脚类也有这些特征。

虽然埃雷拉龙和后来陆地上的霸主（比如异特龙、南方巨兽龙和暴龙）有相同的身体特征，但在它所生活的时代，恐龙还未成为顶级的掠食者。埃雷拉龙可能需要躲避体形更大的掠食者蜥鳄的追捕。在中生代刚开始的时候，蜥鳄是阿根廷最大的掠食者。

与身高约 1.2 米的小孩儿对比

| 2.52亿年前 | 2.01亿年前 | 1.45亿年前 | 6600万年前 |
|---|---|---|---|
| 三叠纪 | 侏罗纪 | 白垩纪 | |

2.35 亿年前—2.3 亿年前

# 黄昏鸟
## "西方的鸟"
命名年份：1872

黄昏鸟是一种会游泳、不会飞、有牙齿的鸟类。听起来这是一个奇怪的组合，但其实看上去"还好"。因为现在我们也能看到会游泳但不会飞的鸟类，比如各种各样的企鹅和生活在加拉帕戈斯群岛上不会飞的鸬鹚。

鸟类和驰龙类关系很近，这两类恐龙在侏罗纪时从一个共同祖先分化而来。鸟类演化出飞行能力，大多数白垩纪的鸟类能够飞行。黄昏鸟的祖先为了捕食鱼类掌握了游泳的技能。随着时间的流逝，它的翅膀逐渐缩短，直到完全退化成棍状。黄昏鸟用双脚在水中快速推进，捕食鱼类和鱿鱼。它的后肢完全朝后，因此很有可能在陆地上行动不便。然而，黄昏鸟应该像现在的企鹅一样，在陆地上产卵。

**趣闻**：在晚白垩世，北美洲中部的大部分地区是浅浅的热带海洋。那时，从墨西哥湾到北冰洋可以直接乘船到达。

**发现地点**：美国堪萨斯州，加拿大

**食物**：鱼类和鱿鱼

**体形**：约 1.5 米

**体重**：约 60 千克

**小贴士**：因为鸟类现在被归类为恐龙的一支，所以黄昏鸟实际上是可以游泳的恐龙。因此，以前的科普书里写的"不存在生活在海里的恐龙"是不正确的。

| 2.52亿年前 | 2.01亿年前 | 1.45亿年前 | | 6600万年前 |
|---|---|---|---|---|
| | 三叠纪 | 侏罗纪 | 白垩纪 | |

8500 万年前—8000 万年前

079

与身高约 1.2 米的小孩儿对比

# 异齿龙
## "拥有不同牙齿的恐龙"
### 命名年份：1962

**发现地点：** 南非开普省

**食物：** 松柏、苏铁和银杏，也可能是昆虫。

**体形：** 身长略微超过 1 米，臀高不足 50 厘米。

**体重：** 45 千克

**友邻：** 其他早期的鸟脚类恐龙

**敌人：** 幼年兽脚类恐龙和鳄鱼

**小贴士：** 异齿龙的近亲"天宇龙"是第一种被发现身披绒毛的鸟臀类恐龙。

异齿龙是一种小型而敏捷的恐龙。它可能比一个 10 岁的小孩儿跑得还快！异齿龙的前肢较长，抓握力和咬合力都很强。大多数情况下，植食性恐龙并不需要这些特征。异齿龙最显著的特点是它的獠牙，一般只有肉食性动物才有这种牙齿。在早侏罗世的另一类恐龙——原始的蜥脚形类当中，一些恐龙的牙齿结构是介于肉食性动物和植食性动物之间的。这和异齿龙的情况相似。异齿龙和原始的蜥脚形类可能都是肉食性恐龙向植食性恐龙转化的例子。

与身高约 1.2 米的小孩儿对比

| 2.52亿年前 | 2.01亿年前 | 1.45亿年前 | 6600万年前 |
|---|---|---|---|
| 三叠纪 | 侏罗纪 | 白垩纪 | |

2.1 亿年前—1.9 亿年前

# 平头龙和倾头龙

## "平坦的头"和"倾斜的头"

### 命名年份：1974

平头龙

平头龙和倾头龙是肿头龙类的恐龙代表。肿头龙类是七大类恐龙当中最稀少、出现最晚的。有科学家将肿头龙分为两类，一类头部是平的，一类头部是圆鼓状的；还有一些科学家认为平头龙可能是幼年的倾头龙。无论如何，它们头骨上的隆起和人类的头顶骨骼一样，都是由额骨和顶骨形成的。肿头龙类的头部隆起四周会发育小的突起、结节，在一些种类中甚至长有尖刺。早期的肿头龙类头部隆起较小，但随着时间的推移逐渐变得越来越大。肿头龙属恐龙的头部隆起是所有恐龙中最大的。

**发现地点**：蒙古

**食物**：植物

**体形**：身长超过 1 米，臀高不足 1 米。

**体重**：约 159 千克

**小贴士**：这两种恐龙的化石都非常完整。有趣的是，它们是在蒙古的一个据说没有化石的地区被发现的！

倾头龙

| 2.52亿年前 | 2.01亿年前 | 1.45亿年前 | | 6600万年前 |
|---|---|---|---|---|
| 三叠纪 | 侏罗纪 | 白垩纪 | | |

8000 万年前—7000 万年前

# 禽龙

## "鬣蜥的牙齿"

**命名年份：1825**

**发现地点：** 西欧，主要是英国和比利时。

**食物：** 松柏、苏铁和银杏

**体形：** 身长约 11 米，臀高约 2.7 米。

**体重：** 5 吨

**小贴士：** 禽龙是恐龙大家庭中最早被发现的 3 个成员之一。1842 年，基于巨齿龙、禽龙和林龙，理查德·欧文提出"恐龙"这个词。

禽龙是一种巨大的鸟脚类恐龙。它的前肢比一个成年人的都要长，身上的每块骨头都很厚、粗壮。它结实的前肢末端长有巨大的钉状拇指，可以在防卫兽脚类恐龙的时候攻击敌人的眼睛。大部分在展出的禽龙骨架采用的是旧式的装架方法，会把禽龙的尾部拖在地上。我们现在知道了，恐龙不会把尾巴拖在地上。

1878 年，在比利时的贝尼萨尔，煤矿工人在深度超过 300 米的地下发现了许多保存完好的禽龙骨骼。这次惊人的发现让禽龙比其他两足行走的植食性恐龙更为出名。

与身高约 1.2 米的小孩儿对比

| 2.52亿年前 | 2.01亿年前 | 1.45亿年前 | 6600万年前 |
|---|---|---|---|
| 三叠纪 | 侏罗纪 | 白垩纪 | |

1.35 亿年前—1.2 亿年前

## 约巴龙

### 名字源于图阿雷格神话

**命名年份：1999**

约巴龙是一种独特的蜥脚类恐龙。它有着又粗又壮的四肢，站姿非常宽。它的牙齿也很厚重。但是，约巴龙的脖子并不长，尾巴也很短。因为它主要以树上的叶子为食，所以它需要长得足够高大才能够到树叶。约巴龙还会用钉状拇指来击退非洲猎龙。

设想一下你去发掘恐龙的场景：这种恐龙有 200 多块骨头，其中许多长达 1.8 米，重达几百千克；在沙漠里，气温超过 37 摄氏度；还有狂风卷起沙土吹到你的脸上、衣服上和食物上。这就是科学家团队在撒哈拉沙漠发掘约巴龙的真实场景！

**发现地点：**尼日尔

**食物：**松柏、苏铁和银杏

**体形：**身长约 21 米，臀高约 4.5 米。

**体重：**18 吨

**友邻：**其他蜥脚类恐龙

**敌人：**非洲猎龙

**小贴士：**约巴龙的腿骨非常强壮。为了吃高处的枝叶，它甚至可以将后足直立起来。

| 2.52亿年前 | 2.01亿年前 | 1.45亿年前 | 6600万年前 |
|---|---|---|---|
| 三叠纪 | 侏罗纪 | 白垩纪 | |

1.64 亿年前—1.61 亿年前

与身高约 1.2 米的小孩儿对比

083

# 钉状龙

## "尖刺恐龙"

命名年份：1915

**发现地点：** 坦桑尼亚

**食物：** 松柏、苏铁和银杏

**体形：** 身长约5.5米，臀高约1.5米。

**体重：** 1吨

**友邻：** 橡树龙、拖尼龙和叉龙

**敌人：** 轻龙和旧鲨齿龙

**小贴士：** 剑龙类是恐龙大家庭中第二稀有的类群（最少见的是肿头龙类）。

钉状龙是剑龙类的一员，从它的后背中部到尾巴根部都长有很长的尖刺。与北美洲的剑龙相比，钉状龙的剑板更小。因此，剑龙类的尖刺可能是先出现的，之后部分尖刺逐渐长成剑板。

钉状龙的尾刺基部又大又圆，表明它们牢固地扎根在皮肤中。这意味着钉状龙无法在面对攻击者时单独调整挥舞尖刺的方向。曾有人认为钉状龙肩膀位置的尖刺朝向前方，但这样尖刺可能会刺到它自己的脖子。因此，认为尖刺朝后的观点更符合逻辑。

与身高约1.2米的小孩儿对比

| 2.52亿年前 | 2.01亿年前 | 1.45亿年前 | 6600万年前 |
|---|---|---|---|
| 三叠纪 | 侏罗纪 | 白垩纪 | |

1.5亿年前—1.4亿年前

# 纤角龙
## "有细角的面孔"
### 命名年份：1914

纤角龙的头相对它短粗的身体有点儿偏大。这说明它可能不会长得很大，或者目前我们只找到了它的幼年化石。虽然纤角龙只能用像鹦鹉一样的喙部来进行防御，但是像它这样的角龙类的咬合力是同体形植食性恐龙中最强的，足以把同体形兽脚类恐龙的胳膊咬断！

纤角龙与更早的鹦鹉嘴龙和原角龙最相似，然而纤角龙生活在约3000万年后的北美洲。对此，科学家推测，纤角龙或它的祖先于白垩纪末期在亚洲和北美洲之间进行了远距离迁移，但目前仅在北美洲发现了化石证据。

**发现地点：** 美国怀俄明州和加拿大艾伯塔省

**食物：** 苏铁和开花植物等地面植被

**体形：** 身长约2米，臀高约75厘米。

**体重：** 约68千克

**友邻：** 埃德蒙顿龙和奇异龙

**敌人：** 伤齿龙和幼年暴龙类恐龙

**小贴士：** 命名纤角龙的巴纳姆·布朗也是雷克斯暴龙的发现者。

| 2.52亿年前 | 2.01亿年前 | 1.45亿年前 | 6600万年前 |
|---|---|---|---|
| 三叠纪 | 侏罗纪 | 白垩纪 | |

7000万年前—6600万年前

与身高约1.2米的小孩儿对比

# 玛君龙
## "来自马任加的恐龙"
### 命名年份：1979

发现地点：马达加斯加

食物：泰坦巨龙

体形：身长约 8 米，臀高约 2.4 米。

体重：约 1.9 吨

友邻：未知

敌人：未知

小贴士：最早被发现的一些玛君龙的牙齿和下颌骨骼化石曾被认为属于巨齿龙类。

玛君龙是一种我们仍然了解甚少的恐龙。从 1896 年开始，它的一些化石碎片陆续被发现。1979 年，古生物学家描述了一块这种恐龙头顶部的化石。因为这块化石很厚，上面覆盖着一块骨节状突起，所以当时这被认为是一种植食性的肿头龙类恐龙。1996 年，在马达加斯加岛的一次科考中，考察队发现了第一件保存较好的玛君龙头骨，证明玛君龙是一种肉食性恐龙！

玛君龙和它的近亲食肉牛龙相似，头骨较短，牙齿很小。因此，玛君龙可能无法杀死大型猎物。另外，类似其他兽脚类恐龙，玛君龙也会吃别的恐龙的尸体。

与身高约 1.2 米的小孩儿对比

| 2.52亿年前 | 2.01亿年前 | 1.45亿年前 | 6600万年前 |
|---|---|---|---|
| 三叠纪 | 侏罗纪 | 白垩纪 | |

7500 万年前—7000 万年前

# 马门溪龙

## "来自马鸣溪的恐龙"

### 命名年份：1954

马门溪龙的脖子大约长12米，几乎和它的身体一样长！它又短又宽的身体作为稳定的底座，支撑起它的长脖子。脖子另一端长着一颗小脑袋，嘴里长着很厚的牙齿。得益于脖子的长度，马门溪龙可谓是恐龙界的"植物吸尘器"：它够得到侏罗纪时期树冠的高度，可以从那里"吸入"成百上千公斤的树叶。幼年马门溪龙则可以吃接近地面的植物。这样，马门溪龙就不需要和幼年的同类争抢食物了。从结构上看，因为马门溪龙脖子的椎体是中空的，所以骨骼内部的压力非常小。这种结构既减轻了重量，又增加了结构强度，可以称得上是动物身体结构工程学的"巅峰之作"。

**发现地点：** 中国
**食物：** 松柏、苏铁和银杏
**体形：** 身长约24米，臀高约4.5米。
**体重：** 20吨
**友邻：** 峨眉龙、沱江龙和重庆龙
**敌人：** 四川龙和永川龙
**小贴士：** 马门溪龙的脖子是地球历史上最长的。

**译者注：** 马门溪龙实际的发现地点是中国四川省马鸣溪，但是由于方言口音问题，它的名字被错写成"马门溪龙"。

| 2.52亿年前 | 2.01亿年前 | 1.45亿年前 | 6600万年前 |
|---|---|---|---|

| 三叠纪 | 侏罗纪 | 白垩纪 |
|---|---|---|

1.7亿年前—1.6亿年前

与身高约1.2米的小孩儿对比

# 大椎龙

"伸长的椎骨"

命名年份：1854

**发现地点：** 南非和津巴布韦

**食物：** 松柏、苏铁和银杏

**体形：** 身长约5.7米，臀高约1.8米。

**体重：** 1.5吨

**友邻：** 异齿龙和狼嘴龙

**敌人：** 合踝龙

**小贴士：** 只有食肉的兽脚类恐龙的爪子比原始的蜥脚形类的爪子大。大椎龙可能是第一个昵称可以叫"大爪"的恐龙。下一批爪子像大椎龙这么大的兽脚类恐龙在数千万年之后才出现。

大椎龙是一种身体修长的植食性恐龙，手上长有巨大的指爪。早侏罗世的兽脚类恐龙还没有演化出像异特龙那样大到夸张的体形，因此这么大的指爪是非常优秀的防御武器。

植物一般比肉类更难消化，因此大椎龙的髋部更宽，可以容纳更大的肠道，来更好地消化植物。大椎龙通过它的长脖子可以方便地取食树上高处的叶子。恐龙是第一种能在远远高于地面的高处觅食的四足动物，而那些在地面爬行的动物是做不到的。由于能够获得新的食物来源，大椎龙这样的原始的蜥脚形类和后来的蜥脚类恐龙成为地球上接下来5000万年占统治地位的植食性动物。

与身高约1.2米的小孩儿对比

| 2.52亿年前 | 2.01亿年前 | 1.45亿年前 | 6600万年前 |
|---|---|---|---|
| 三叠纪 | 侏罗纪 | 白垩纪 | |

2亿年前—1.83亿年前

# 巨齿龙

## "巨大的恐龙"

### 命名年份：1824

巨齿龙是第一种被命名的中生代恐龙。几个世纪以来，一直有肉食性恐龙的化石被发现，但是当时的科学家认为这些化石属于巨型人类或大象。1815年前后，一个带牙齿的下颌骨和一些其他骨骼被偶然发现。这些牙齿让人联想到现生的大型食肉蜥蜴——巨蜥。1822年，这种动物被命名为巨齿龙。

在古生物学研究的萌芽阶段，绝大多数肉食性恐龙的化石被认为是属于巨齿龙的。随着越来越多完整的化石被发现，科学家意识到肉食性恐龙是多种多样的。在中侏罗世，巨齿龙可能是欧洲陆地上最大的肉食性动物。

**发现地点**：英国

**食物**：蜥脚类和剑龙类恐龙

**体形**：身长约7.5米，臀高约1.9米。

**体重**：1.1吨

**小贴士**：查尔斯·狄更斯在小说《荒凉山庄》开头描绘了这样一个想象中的场景：一只超过12米长的"像大象那样大的蜥蜴"——巨齿龙，在伦敦泥泞的街道上游荡。

| 2.52亿年前 | 2.01亿年前 | 1.45亿年前 | 6600万年前 |
|---|---|---|---|
| 三叠纪 | 侏罗纪 | 白垩纪 | |

1.65亿年前—1.6亿年前

与身高约1.2米的小孩儿对比

**发现地点：**英国

**食物：**蜥脚类和剑龙类恐龙

**体形：**身长约 7 米，臀高约 1.8 米。

**体重：**约 1 吨

**小贴士：**绝大多数恐龙是凭借仅仅一副非常不完整的化石材料复原而成的，比如中棘龙。

中棘龙的名字来源于它的背椎。它背椎的神经棘比异特龙、暴龙等大部分兽脚类恐龙的高，又比棘龙的短小。中棘龙是一种古生物学家尚未深入了解的恐龙。1923年，德国古生物学家弗雷德里希·冯·休尼在一篇论文中描述了从侏罗纪到白垩纪的所有来自欧洲的兽脚类恐龙，并分析了一具仅有部分保存的骨架。他把这具骨架命名为巨齿龙的一个新种。

| 2.52亿<br>年前 | 2.01亿<br>年前 | 1.45亿<br>年前 | 6600万<br>年前 |
|:---:|:---:|:---:|:---:|
| 三叠纪 | 侏罗纪 | 白垩纪 | |

1.6 亿年前—1.5 亿年前

1964 年，科学家亚历克·沃克指出，这些化石与巨齿龙存在巨大差别，因此将它重新命名为中棘龙。

目前，所有关于中棘龙的复原图都是根据其他更加完整的肉食性恐龙的骨骼化石制作的。我们可以肯定的是，这种兽脚类恐龙与其他恐龙有着非常大的差别。

与身高约 1.2 米的小孩儿对比

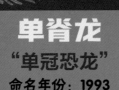

# 单脊龙
## "单冠恐龙"
### 命名年份：1993

**发现地点：**中国新疆维吾尔自治区

**食物：**蜥脚类、剑龙类和早期的甲龙类恐龙

**体形：**身长约5.1米，臀高约1.7米。

**体重：**约850千克

**小贴士：**很多恐龙化石是人们意外发现的。例如：单脊龙是地质学家在寻找石油的时候偶然发现的。

单脊龙是来自中国的顶级肉食性恐龙，与英国的巨齿龙几乎生活在同一时期。它是一种典型的侏罗纪中型兽脚类恐龙：头骨约长67厘米，上下颌长满了刀片状的适合切割肉的牙齿。单脊龙最有特色的结构是它的头冠。其他肉食性恐龙头顶也有头冠或角，但没有类似单脊龙这样的。单脊龙的头冠从它的鼻孔背侧一直延伸到眼睛上方，骨骼内部是中空的，因为没有与呼吸通道连接，所以不能像鸭嘴龙类那样发出独特的声音。这种头冠可能是用于减轻重量，避免让头骨过重；也可能是作为展示的结构，用来求偶或保护领地。单脊龙头冠的颜色可能很鲜艳，不过这只是一种猜想，因为化石很难记录下颜色。

与身高约1.2米的小孩儿对比

# 木他龙

## "来自马塔巴拉的恐龙"

**命名年份：1981**

**发现地点**：澳大利亚

**食物**：松柏、苏铁和银杏

**体形**：身长约8米，臀高约3米。

**体重**：3吨

**友邻**：敏迷龙

**敌人**：兽脚类恐龙

**小贴士**：第一件木他龙的标本是在海相沉积中发现的。这只恐龙可能死后先被冲到海里，之后才变成化石。因为木他龙很难被归类在任何一种已知的鸟脚类支系当中，所以它被认为是一个分类方面的"自由人"。

木他龙身体短粗、强壮而结实。据推测，它可能也有像禽龙那样巨大的钉状拇指。大鼻子是木他龙的一大特征，其他晚期的鸟脚类和一些两足行走的植食性恐龙也有这个特征。现在还不确定木他龙是否能够像鸭嘴龙类那样用鼻子进行交流。虽然木他龙的鼻子比鸭嘴龙类更靠近吻端，但还是太大，会挡住双眼之间的视野。人类和猎食性动物一般拥有双目交叉的立体视觉，可以感受到距离远近；植食性恐龙和其他被捕食的动物则一般具有不重叠的双目视野，视域更宽，但不能感受到远近。

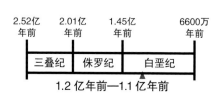

| 2.52亿年前 | 2.01亿年前 | 1.45亿年前 | 6600万年前 |
|---|---|---|---|
| 三叠纪 | 侏罗纪 | 白垩纪 | |

1.2亿年前—1.1亿年前

与身高约1.2米的小孩儿对比

# 恩霹渥巴龙
## "恩霹渥巴的恐龙"
**命名年份：2000**

**发现地点：** 南非

**食物：** 植物，也可能是小型哺乳动物、蜥蜴或昆虫。

**体形：** 身长约80厘米，臀高约32.2厘米。

**体重：** 约580克

**小贴士：** 至今为止唯一一件恩霹渥巴龙标本的昵称是"小柯"，因为它是在南非的柯克伍德组的沉积岩中被发现的。"恩霹渥巴"是科萨语中"柯克伍德"的念法。"小柯"的标本腹部里有许多小石子。除了大多植食性动物，一些肉食性恐龙也用"胃石"来研磨食物、帮助消化，比如棘龙类的重爪龙和一些鳄类。

恩霹渥巴龙是除了鸟类外最小的恐龙。它可能与似鸟龙类的似鹈鹕龙和似鸡龙有亲戚关系。和很多兽脚类恐龙一样，恩霹渥巴龙的每只手有3根手指。它的后肢很长，很适合快速奔跑。

恩霹渥巴龙的体形类似美颌龙和中华龙鸟，跟鸡差不多大。但是，它的前肢比美颌龙和中华龙鸟的大一些，也许是用来抓握食物的。根据恩霹渥巴龙的"胃石"和很小的牙齿，可以推测出它应该以植物为主食。

与身高约1.2米的小孩儿对比

| 2.52亿年前 | 2.01亿年前 | 1.45亿年前 | 6600万年前 |
|---|---|---|---|
| 三叠纪 | 侏罗纪 | 白垩纪 | |

1.35亿年前—1.3亿年前

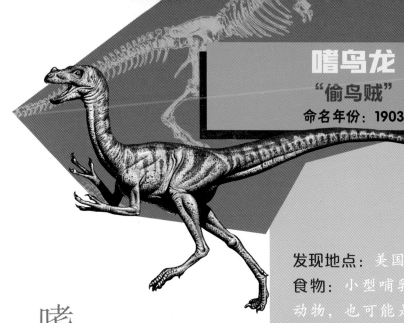

# 嗜鸟龙
## "偷鸟贼"
### 命名年份：1903

**发现地点**：美国怀俄明州

**食物**：小型哺乳动物和爬行动物，也可能是小型恐龙。

**体形**：身长约 2.1 米，臀高约 47 厘米。

**体重**：约 12.6 千克

**小贴士**：查理斯·R.奈特绘制过一副著名的复原图，图上画着一只嗜鸟龙在追逐一只始祖鸟。虽然嗜鸟龙可能以早期的鸟类为食，但始祖鸟生活在完全不同的地区，并且始祖鸟极有可能会飞，嗜鸟龙这种陆地掠食者即使再敏捷也很难捉住它。

嗜鸟龙是在莫里森组发现的有名的小型兽脚类恐龙。除了嗜鸟龙这样的小型掠食者，莫里森组还产出了好几种有名的恐龙：长有巨型长颈的蜥脚类，长有剑板的剑龙类，以及异特龙、角鼻龙等巨大掠食者。目前唯一发现的嗜鸟龙头骨的吻部是破损的，这说明它的鼻部可能有个小角。

嗜鸟龙尾巴的长度占身长的一半以上。有古生物学家认为它可以用长长的前肢去抓鸟类。虽然原始的鸟类在体形上确实很适合嗜鸟龙捕食，但没有任何证据支持这种猜测。

| 2.52亿年前 | 2.01亿年前 | 1.45亿年前 | 6600万年前 |
|---|---|---|---|
| 三叠纪 | 侏罗纪 | 白垩纪 | |

1.5 亿年前—1.4 亿年前

与身高约 1.2 米的小孩儿对比

# 奥斯尼尔洛龙

## 纪念古生物学家奥斯尼尔·C.马什

**命名年份：2007**

**发现地点：** 美国科罗拉多州、犹他州和怀俄明州

**食物：** 地面植被和松柏、苏铁及银杏的较柔软的部分

**体形：** 身长约1.1米，臀高约30厘米。

**体重：** 约22.7千克

**友邻：** 橡树龙和弯龙

**敌人：** 幼年的兽脚类恐龙

**小贴士：** 幼年的奥斯尼尔洛龙可能只有你的手那么大！由于奥斯尼尔洛龙位列最小的恐龙之一，它成为幼年或更大的兽脚类恐龙喜欢的食物。目前还未发现它的成体化石。

奥斯尼尔洛龙的牙齿齿冠虽然很短，但齿根是齿冠的4倍长。这种恐龙的牙齿很难取食粗糙、坚硬的食物，只能以柔软的植物为食。因此，坚硬、高纤维的植物被留给了蜥脚类恐龙。

尽管经历了多年的科考，科学家仍没有发现太多晚侏罗世的鸟脚类恐龙。我们目前只知道：它们是植食性动物，大多体形很小，只有一列用于切割叶子的牙齿；它们的前肢一般较短小，因此重心更靠后，在用肌肉发达的后肢奔跑时可以更好地控制平衡，跑得快而敏捷。

与身高约1.2米的小孩儿对比

| 2.52亿年前 | 2.01亿年前 | 1.45亿年前 | 6600万年前 |
|---|---|---|---|
| 三叠纪 | 侏罗纪 | 白垩纪 | |

1.54亿年前—1.5亿年前

## 窃蛋龙
### "偷蛋贼"
命名年份：1924

**窃**蛋龙是窃蛋龙类恐龙。像晚白垩世的其他窃蛋龙类恐龙一样，窃蛋龙有一个很深的、无牙的喙。它还有一双长而适宜抓握的前肢，可能用于抓取食物。窃蛋龙一度被认为是以偷蛋为生的恐龙。现在我们了解到，它其实是在保护自己的蛋。古生物学家第一次在蒙古的沙漠发现这种小型恐龙的时候，它的化石趴卧在一窝被认为是原角龙蛋的化石上面。因为窃蛋龙属于兽脚类恐龙，所以人们猜测它可能以这些蛋为食物。后来，古生物学家发现这些蛋实际上是窃蛋龙自己的蛋，窃蛋龙会像鸟类一样卧在蛋上孵化。之后，又有许多窃蛋龙和其他类似恐龙的蛋窝被发现，蛋窝上面都有成体恐龙的化石。

**发现地点：** 中国和蒙古

**食物：** 幼年恐龙等小型爬行动物，也可能是植物或蛋。

**体形：** 身长约2.3米，臀高约75厘米。

**体重：** 约32.4千克

**小贴士：** 由于头骨上有窗孔，窃蛋龙曾经差一点儿被命名为"孔龙"。窃蛋龙的头骨结构非常奇怪。古生物学家第一次发现窃蛋龙头骨的时候，甚至搞不清头骨哪面是前、哪面是后！

| 2.52亿年前 | 2.01亿年前 | 1.45亿年前 | 6600万年前 |
|---|---|---|---|
| 三叠纪 | 侏罗纪 | 白垩纪 | |

8500万年前—7500万年前

与身高约1.2米的小孩儿对比

# 肿头龙

## "头部很厚的恐龙"

### 命名年份：1931

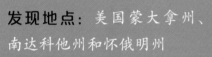

**发现地点：**美国蒙大拿州、南达科他州和怀俄明州

**食物：**松柏、苏铁、银杏和开花植物等地面植被

**体形：**身长约 4 米，臀高约 1.6 米。

**体重：**约 364 千克

**友邻：**鸭嘴龙类和小型角龙类恐龙

**敌人：**伤齿龙、暴龙和冥河盗龙

**小贴士：**肿头龙的牙齿比人类婴儿的乳牙还要小！

肿头龙是肿头龙类家族中最后的成员，也是最有名的成员。20 世纪 70 年代，古生物学家彼得·高尔顿提出，雄性肿头龙会用它们圆顶的头部互相撞击。但是，到了 20 世纪 90 年代，科学家开始质疑这种假说。

研究显示，有头部撞击行为的动物一般有一个宽阔的头部撞击面，在两只动物快速相向运动却没有笔直撞到一起的时候，能够防止发生滑移，降低脖颈骨折的风险。而肿头龙圆圆的头部是鼓起来的，这使得撞击的接触面很小。虽然这些研究质疑了肿头

龙类种群内部之间进行头部撞击的行为，但没有否定它们对其他恐龙进行撞击或冲击的可能。凑巧的是，如果肿头龙低下头冲撞兽脚类恐龙，头部撞击的位置正好与兽脚类恐龙的头部或腰部持平。既然肿头龙的头骨厚达 23 厘米……那么哪方会获胜？

与身高约 1.2 米的小孩儿对比

# 卡戎龙和副栉龙

## "冥河渡神恐龙" 和 "像栉龙的恐龙"

命名年份：2000　　　　命名年份：1922

卡戎龙

**卡戎龙发现地点**：中国

**副栉龙发现地点**：美国新墨西哥州、犹他州、蒙大拿州，加拿大艾伯塔省

**食物**：松柏、苏铁、银杏和开花植物

**体形**：身长约 12 米，臀高约 2.8 米。

**体重**：2 吨

与身高约 1.2 米的小孩儿对比

卡戎龙和副栉龙是两种关系非常紧密的鸭嘴龙类恐龙。它们有一个共同的主要特征——一个非常长的鼻管。这个中空的管状物内有高达 3 对的共鸣腔，连接起了喉咙背侧与鼻孔。科学家认为这些恐龙像现生的大象一样，不仅能发出人类可以听到的声音，还可以发出低于人类听觉范围的次声波！

卡戎龙和副栉龙的鼻管结构有着各种丰富的功能，堪称典型的多功能"设备"：鼻管可以在求偶的时候作为相互识别的标志，增强嗅觉能力，使吸入的空气更加湿润，甚至能显示出恐龙

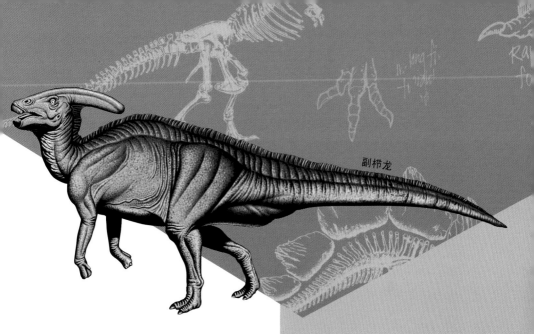
副栉龙

的年龄。

卡戎龙来自中国，而副栉龙来自北美洲。这说明这两块大陆在白垩纪末期是被陆桥相互连接的。卡戎龙和副栉龙都属于赖氏龙类，也就是有冠的鸭嘴龙类。赖氏龙类在当时的亚洲植食性动物群中的占比高于北美洲，而无冠的鸭嘴龙类和角龙类在北美洲更多一些。这说明两个大陆虽然相连，但各自的动物群还是有区别的。

**友邻**：埃德蒙顿龙
**敌人**：惧龙和特暴龙
**小贴士**：根据计算机模拟，副栉龙发出的声音听起来可能很像巴松管！

| 2.52亿年前 | 2.01亿年前 | 1.45亿年前 | 6600万年前 |
|---|---|---|---|
| 三叠纪 | 侏罗纪 | 白垩纪 | |

7500 万年前—6600 万年前

与身高约 1.2 米的小孩儿对比

# 似鹈鹕龙

## "鹈鹕的模仿者"

命名年份：1994

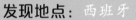

**发现地点：** 西班牙

**食物：** 可能是鱼类、小型爬行动物和哺乳动物。

**体形：** 身长约 2 米，臀高约 50 厘米。

**体重：** 约 12 千克

**友邻：** 无

**敌人：** 大型兽脚类恐龙

**小贴士：** 似鹈鹕龙的化石保存在一个古代潟湖底部的泥质沉积当中，科学家在同岩层发现了很多植物、昆虫、鱼类、蜥蜴、鳄鱼和鸟类的化石。

似鹈鹕龙是已知的最小的，也是最早的似鸟龙类恐龙。它生活在白垩纪的早期，而大部分似鸟龙类生活在几百万年后的晚白垩世。像其他似鸟龙类一样，似鹈鹕龙长长的脖子末端长着一个小脑袋，前爪的 3 个手指近乎等长，并向一个方向弯曲。晚白垩世的似鸟龙类喙部没有牙齿，而似鹈鹕龙的上下颌间长有超过 220 颗小牙齿。似鹈鹕龙是兽脚类恐龙当中牙齿最多的。

目前仅有一具在西班牙发现的似鹈鹕龙化石。在这具骨骼上可以看见一些皮肤的印痕，显示出它的下颌下部有个类似鹈鹕的袋状结构。然而科学家进一步研究之后，发现这些印痕不是皮肤外表面的化石，而是内部组织的化石！这是人们第一次发现恐龙肌肉组织化石。可惜的是，由于化石化过程的影响，它的 DNA 没有保存下来。

与身高约 1.2 米的小孩儿对比

| 2.52亿年前 | 2.01亿年前 | 1.45亿年前 | 6600万年前 |
|---|---|---|---|
| 三叠纪 | 侏罗纪 | 白垩纪 | |

1.3 亿年前—1.2 亿年前

# 板龙

## "平板状的恐龙"

### 命名年份：1837

板龙是最早出现的体形比人大得多的恐龙，也是第一种脖子像蜥脚类那样长的恐龙。板龙身体粗壮，足部有爪，手部具有一定的抓握能力。它的手爪与大椎龙的相比要小一点儿。许多比较老的化石装架展示的板龙是两足行走的，但它个头很大，重心靠前，所以它更可能是四足行走的。板龙的牙齿和上下颌关节结构近似坚果钳，所有牙齿可以在同一时间很好地咬合在一起，这是植食性动物的特征；而杂食性动物的上下颌结构更像剪刀，在咬合过程中，颌骨后部的牙齿先咬合，前面的牙齿后咬合。

**发现地点：** 德国、法国和瑞士

**食物：** 松柏、苏铁和银杏

**体形：** 身长约8米，臀高约2米。

**体重：** 1吨

**友邻：** 鞍龙

**敌人：** 理理恩龙

**小贴士：** 科学家在1837年命名了板龙，那时候还不存在"恐龙"这个词。目前已有上百件板龙的化石被发现。

| 2.52亿年前 | 2.01亿年前 | 1.45亿年前 | 6600万年前 |
|---|---|---|---|
| 三叠纪 | 侏罗纪 | 白垩纪 | |

2.2亿年前—2.1亿年前

与身高约1.2米的小孩儿对比

# 原美颌龙

## "美颌龙之前的恐龙"

### 命名年份：1914

**发现地点：** 德国

**食物：** 可能是小型哺乳动物、爬行动物和昆虫。

**体形：** 身长约90厘米，臀高约26厘米。

**体重：** 约1千克

**友邻：** 无

**敌人：** 鳄类

**小贴士：** 原美颌龙是三叠纪时期最小的恐龙之一。它实在太小了，以至于一只小狗或家猫都可以威胁到它。不过好消息是：狗和猫的祖先要在原美颌龙灭绝之后才出现！

原美颌龙是一种三叠纪的小型兽脚类恐龙，靠修长的后肢奔跑。第一次发现原美颌龙化石的古生物学家认为它是一种美颌龙（晚侏罗世的小型兽脚类恐龙）。更多近期的研究显示，比起美颌龙，原美颌龙与腔骨龙和双冠龙的关系更近。同时，之前被认为属于原美颌龙的头骨化石实际上属于另一种早期陆栖的鳄类。

目前还没有证据表明，原美颌龙或美颌龙会成群结队地攻击更大的动物。

与身高约1.2米的小孩儿对比

| 2.52亿年前 | 2.01亿年前 | 1.45亿年前 | 6600万年前 |
|---|---|---|---|
| 三叠纪 | 侏罗纪 | 白垩纪 | |

2.2亿年前—2.1亿年前

# 原栉龙
## "栉龙之前的恐龙"
### 命名年份: 1916

**原**栉龙属于鸭嘴龙类，是两足行走的植食性鸟脚类恐龙。它的身上还有很多谜团。在加拿大艾伯塔省发现了迄今为止最完整的鸭嘴龙类化石，其中就有原栉龙的骨骼化石。

原栉龙和栉龙（可能是原栉龙的后代）都属于鸭嘴龙类的亚群——栉龙类。栉龙类是鸭嘴龙类中最稀有的，在研究鸭嘴龙类演化的时候往往很难对它们进行分类，因为它们兼具无冠的鸭嘴龙类和有冠的鸭嘴龙类的特征。

**发现地点:** 美国蒙大拿州和加拿大艾伯塔省

**食物:** 松柏、苏铁、银杏和开花植物

**体形:** 身长约10米，臀高约1.8米。

**体重:** 约2吨

**小贴士:** 原栉龙属内有两个种，其中一种是由鸭嘴龙类专家杰克·霍纳命名的。专门研究鸭嘴龙类的专家数量比原栉龙的标本还要少！

| 2.52亿年前 | 2.01亿年前 | 1.45亿年前 | 6600万年前 |
|---|---|---|---|
| 三叠纪 | 侏罗纪 | 白垩纪 | |

8500万年前—7500万年前

与身高约1.2米的小孩儿对比

# 鹦鹉嘴龙

## "像鹦鹉一样的恐龙"

### 命名年份：1931

**发现地点：** 中国、蒙古和泰国

**食物：** 松柏、苏铁和银杏

**体形：** 身长约2米，臀高约50厘米。

**体重：** 约23千克

**友邻：** 沙漠龙和高吻龙

**敌人：** 帝龙、羽暴龙和爬兽（一种会捕食幼年鹦鹉嘴龙的哺乳动物）

**小贴士：** 科学家在鹦鹉嘴龙的化石中发现了胃石。大部分植食性恐龙不能咀嚼植物，只能把植物吞到肚子里面。为了帮助消化，它们会吞进一些小石子来研磨食物。

鹦鹉嘴龙是最后一大类恐龙家族——角龙类中最早出现的成员。鹦鹉嘴龙有两个典型的角龙类特征：上颌骨前方有一块额外的前上颌骨，头后有角龙颈盾的雏形。鹦鹉嘴龙的脸颊上长有颧骨角。

目前有超过11种鹦鹉嘴龙被命名，命名率超过其他99%的恐龙。这些命名都是有效的吗？一些科学家只是依据微小的骨骼差异来命名新种，而这些差异也可能是性别、年龄、健康程度或正常的种内变异造成的。同时，也存在一些地层差异。这意味着随着时间流逝，种群越来越多，后来的种群进化出比祖先更加多样的种内形态。

与身高约1.2米的小孩儿对比

| 2.52亿年前 | 2.01亿年前 | 1.45亿年前 | 6600万年前 |
|---|---|---|---|
| 三叠纪 | 侏罗纪 | 白垩纪 | |

1.35亿年前—1.2亿年前

# 波塞冬龙

名字源于古希腊神话中的海神波塞冬

命名年份：2000

波塞冬龙属于蜥脚类恐龙，是地球历史上最高的动物。它的化石实在太大了，以至于科学家第一次发现它的时候，还以为发现了树干的化石！如果一个成年人站在波塞冬龙面前，甚至够不到它的胳膊肘！

波塞冬龙的脖子大约有 12 米长。仅仅一块颈椎的长度就超过 1.6 米！X 射线扫描显示，这些颈椎是中空的，相比其他骨骼有更多的内部空腔。这种"结构性减重"可以使巨大的骨骼承载更大的重量，而骨骼自重不会增加太多。

**发现地点：** 美国俄克拉何马州和得克萨斯州

**食物：** 松柏、苏铁和银杏

**体形：** 身长超过 31 米，臀高约 4 米。

**体重：** 50 吨

**小贴士：** 最大的现生哺乳动物身体结构的工程学特性仍然没有恐龙的好。哺乳动物骨骼密度更高，但不能承载更多的重量。

| 2.52亿年前 | 2.01亿年前 | 1.45亿年前 | 6600万年前 |
|---|---|---|---|
| 三叠纪 | 侏罗纪 | 白垩纪 | |

1.2 亿年前—1 亿年前

与身高约 1.2 米的小孩儿对比

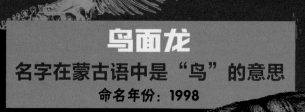

# 鸟面龙

## 名字在蒙古语中是"鸟"的意思
### 命名年份：1998

**发现地点：**蒙古

**食物：**可能是昆虫，也可能是小型哺乳动物和爬行动物。

**体形：**身长约88厘米，臀高约30厘米。

**体重：**约2.5千克

**友邻：**无

**敌人：**伶盗龙

**小贴士：**鸟面龙和其他阿尔瓦雷斯龙类是恐龙家谱中充满谜团的成员。目前仍未确定和它们亲缘最近的是似鸟龙类、原始的鸟类，还是伤齿龙类。

鸟面龙是一种很奇怪的兽脚类恐龙。它属于阿尔瓦雷斯龙类，是生活在晚白垩世的小型似鸟恐龙。成年鸟面龙的体形虽然只有一只鸡那么大，但仍旧比和它生活在同样环境中的大部分哺乳动物要大。

鸟面龙有一个突出的喙部，上下颌长有很多小小的牙齿。它的脖子很长，尾巴相对于恐龙而言却比较短。它长有一对长腿，可以快速奔跑。鸟面龙最奇特的部位是它的前肢。大部分特化的兽脚类恐龙前肢有3个具有功能的手指，暴龙类有两个，而阿尔瓦雷斯龙类只有1个，即大拇指。科学家猜测，鸟面龙短而强壮的前肢可能是用来挖掘昆虫巢穴的。

与身高约1.2米的小孩儿对比

| 2.52亿年前 | 2.01亿年前 | 1.45亿年前 | 6600万年前 |
|---|---|---|---|
| 三叠纪 | 侏罗纪 | 白垩纪 | |

8500万年前—7500万年前

108

# 中国鸟脚龙
## "中国的鸟形恐龙"
### 命名年份：1993

**发现地点：** 中国内蒙古自治区

**食物：** 哺乳动物、蜥蜴和小型恐龙，也可能是昆虫和植物。

**体形：** 身长约 1.1 米，臀高约 45 厘米。

**体重：** 约 5.5 千克

**友邻：** 无

**敌人：** 更大的兽脚类恐龙

**小贴士：** 中国鸟脚龙并不是亚洲唯一的伤齿龙类恐龙。在亚洲还发现了其他几种伤齿龙类，如"无聊龙"。它的名字取自刘易斯·卡罗尔创作的诗歌《贾巴沃克》中的奇妙生物。在中国鸟脚龙被发现之前，很多古生物学家一直以为伤齿龙类的前肢像驰龙类一样长。

中国鸟脚龙是极为古老的伤齿龙类恐龙。伤齿龙类是一种后肢修长的肉食性恐龙，它们的头骨、背椎等特征与鸟类非常接近，速度在小型恐龙中名列前茅。因为伤齿龙类的牙齿和一些植食性恐龙有相似之处，所以有科学家认为中国鸟脚龙可能也吃昆虫和植物。许多小型食肉哺乳动物（比如狐狸）也是杂食动物，既吃肉，也吃植物和其他食物。在中国鸟脚龙被发现之前，仅有一些零散的、不完整的伤齿龙类化石皮发现。1988 年，中国鸟脚龙的骨骼化石在中国内蒙古自治区被发现。这只恐龙被沙尘暴掩埋的时候，正蜷伏在自己的腹部休息。它把头和脖子伸到前肢下面，尾巴环绕着身体。因为它被迅速地掩埋，所以化石保存得非常完整。

| 2.52亿年前 | 2.01亿年前 | 1.45亿年前 | 6600万年前 |
|---|---|---|---|
| 三叠纪 | 侏罗纪 | 白垩纪 | |

1.1 亿年前—1 亿年前

与身高约 1.2 米的小孩儿对比

# 中国鸟龙
## "中国的似鸟恐龙"
### 命名年份：1999

**发现地点：** 中国辽宁省

**食物：** 鹦鹉嘴龙、中华龙鸟、尾羽龙、北票龙和孔子鸟

**体形：** 身长约 1.25 米，臀高超过 45 厘米。

**体重：** 6.4 千克

**友邻：** 无

**敌人：** 帝龙和羽暴龙

中国鸟龙位列最古老的驰龙类恐龙之一。它是伶盗龙和恐爪龙的远亲。像伶盗龙一样，中国鸟龙是一种很小的恐龙，但它可能非常凶猛。它的上下颌长有尖锐而弯曲的牙齿，前爪很长且擅长抓握，两只足部的第二趾上分别长有巨大的镰刀状趾爪。不过，中国鸟龙最有名的特征，是它的"毛茸茸"——它是第一种被发现身披羽毛的驰龙类。中国东北的义县组产出中国鸟龙后，这里发掘的驰龙类都被发现身披着羽毛。

中国鸟龙全身都覆盖着很长的纤维。这些结构是原始羽毛，即一种毛茸茸的体表覆盖物，最终演化成真正的羽毛。原始羽毛和真正的羽毛都是柔软的结构，很难保存成化石。但是，义县组

与身高约 1.2 米的小孩儿对比

的泥质沉积很细密，可以保存恐龙、其他动物和植物的软体部分。在义县组发现的北票龙、尾羽龙等其他兽脚类恐龙身上都有原始羽毛或真正的羽毛。过去，科学家认为恐爪龙和伶盗龙等驰龙类是身披鳞片的。现在，我们了解到驰龙类和其他特化程度更高的似鸟的肉食性恐龙也是毛茸茸的！

小贴士：一具来自美国蒙大拿州的驰龙类化石在体形上非常接近中国鸟龙，被命名为"斑比盗龙"，因为它的长腿让命名者想到"小鹿斑比"的形象。

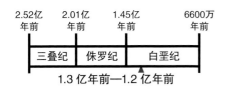

| 2.52亿年前 | 2.01亿年前 | 1.45亿年前 | 6600万年前 |
|---|---|---|---|
| 三叠纪 | 侏罗纪 | 白垩纪 | |

1.3 亿年前—1.2 亿年前

# 中华龙鸟

## "有翅膀的中国恐龙"

命名年份：1996

**发现地点：** 中国辽宁省

**食物：** 小型哺乳动物和蜥蜴

**体形：** 身长略微超过 1.25 米，臀高约 29 厘米。

**体重：** 约 2.5 千克

**友邻：** 鹦鹉嘴龙、尾羽龙、北票龙和孔子鸟

**敌人：** 中国鸟龙

**小贴士：** 因为最早发现中华龙鸟的科学家觉得恐龙是不会有羽毛的，所以他们把这种恐龙当作一种鸟。虽然中华龙鸟的名字取自"有翅膀的中国恐龙"的意思，但它既没有真正的翅膀，也不会飞。实际上，它的前肢非常短，几乎够不到自己的膝盖。

华龙鸟可能是 20 世纪 90 年代最重要的恐龙发现。在中华龙鸟被发现之前，古生物学家已经证明鸟类是兽脚类恐龙的后代。然而，他们不知道似鸟的特征第一次出现是什么时候。这是因为很多鸟类的特征是软组织结构，很难保存为化石。其中一大软组织结构就是羽毛。一些古生物学家很早就怀疑兽脚类恐龙身上有羽毛或茸毛覆盖，但一直找不到坚实的证据。直到 1996 年，在义县组的岩层当中，一种小型兽脚类恐龙的化石被科学家发现。它与稍早生活在德国的小型恐龙——美颌龙非常类似。这种恐龙的骨骼化石非常完整，化石骨骼四周环绕着细小的纤维痕迹。这些纤维可能是一种结构相对简单的原始羽毛，用来覆盖身体，之后演化成鸟类和鸟类近亲身上的真正的羽毛。

与身高约 1.2 米的小孩儿对比

　　1996年以来，义县组又产出了许多带羽毛的恐龙化石，但中华龙鸟仍然是我们迄今为止发现的最原始的有羽毛的恐龙。因为在义县组发现的中华龙鸟和它的一些特化程度更高的近亲身上都有原始羽毛或真正的羽毛，所以现在古生物学家意识到，绝大多数特化程度更高的肉食性恐龙身上可能有皮肤衍生物，甚至比中华龙鸟特化程度更高的暴龙类也可能在幼年阶段有原始羽毛。不过，一些科学家认为暴龙类长成成体后可能就会褪去羽毛。

　　为什么义县组地层可以保存这么多恐龙的软组织结构，而其他地层却不能？这是因为形成义县组岩石的泥非常细密，所以化石上细小的痕迹也不会丢失。另外，这些恐龙的遗骸沉积在像湖底一样安静的沉积当中，而不是保存在河流带来的泥沙或沙尘暴吹来的沙子当中，因此这些恐龙的遗骸在被泥巴覆盖之前，没有受到任何破坏。

# 棘龙
## "有棘的恐龙"
### 命名年份：1915

**发现地点：** 埃及和摩洛哥

**食物：** 其他恐龙和大型鱼类

**体形：** 身长可能超过 14 米，臀高（含背帆）5.6 米。

**体重：** 约 8 吨

**小贴士：** 棘龙不是唯一有背帆的恐龙。禽龙的近亲豪勇龙也有背帆。不过，二叠纪的有背帆的异齿兽并不是恐龙，而是原始的合弓类动物，与哺乳动物的祖先关系更近。

与身高约 1.2 米的小孩儿对比

棘龙是一种引人注目的巨大肉食性恐龙。它的体形像雷克斯暴龙一样大，但上下颌和牙齿与雷克斯暴龙差异很大。棘龙的颌部长而纤细，牙齿类似鳄鱼，呈圆锥状。

棘龙最有特点的结构，就是背部那巨大的背帆。这些背帆是由背椎顶部的神经棘加长形成的。如果你沿着自己的脊椎从下往上摸一下，会感觉到一系列突起。这些突起和恐龙背椎的突起是一样的。然而，棘龙的背椎突起非常巨大，最长的一块甚至超过 1.7 米。背帆可以帮助棘龙散热，防止体温过高。背帆上的皮肤像其他部位的皮肤一样，充满了毛细血管。同时，背帆也可能用来进行展示、求偶或保护领地。此外，恐龙可能会凭借背帆让自

己看起来更加庞大。与棘龙生活在同一环境的还有鲨齿龙和三角洲奔龙等其他大型掠食者。如果棘龙侧身面对来袭的掠食者，会显得自己体形更大，因此掠食者在攻击的时候可能就会犹豫。现生猫科动物也有类似的行为：当它们受到惊吓的时候，会把毛蓬起来，让自己看起来更大。

电影《侏罗纪世界》中的恐龙！

剑龙有一条带尖刺的尾巴，可以用来进行防御。它背部的剑板可以用作防御、展示，或者调节体温。

剑龙

2.52亿年前　2.01亿年前　1.45亿年前　6600万年前

三叠纪　侏罗纪　白垩纪

1.1亿年前—9000万年前

# 剑龙
## "背着屋顶的恐龙"
**命名年份：1877**

**发现地点：**美国科罗拉多州、怀俄明州和犹他州

**食物：**植物

**体形：**身长约 7.5 米，臀高约 2.1 米。

**体重：**3 吨

**小贴士：**关于剑龙的谣言有很多。有人说它的大脑还没有核桃大，有人说它可以控制背板……这些都是假的。剑龙属内有两个种。第一种剑板很大，尾部长有 4 个尖刺。第二种较为罕见，基于不完整的化石来看，它的剑板比较小，尾刺大约只有第一种的 80% 那么大。不过，第二种可能不是一个有效种。

剑龙是最有名的有剑板的恐龙。它也是异特龙最喜欢的食物。古生物学家已经研究剑龙超过 125 年。围绕剑龙有一列还是两列背部剑板的议题，不同时期的科学家一直争论不休。肯·卡彭特、布赖恩·斯莫尔和一队来自美国丹佛自然历史博物馆的科考队发现的化石显示，剑龙背部有两列剑板。同时，从这件新标本上还可以看出，剑龙尾部的尖刺是朝向两边的，而不像大部分博物馆展示的那样朝向上面。

与身高约 1.2 米的小孩儿对比

| 2.52亿年前 | 2.01亿年前 | 1.45亿年前 | 6600万年前 |
|---|---|---|---|
| 三叠纪 | 侏罗纪 | 白垩纪 | |

1.54 亿年前—1.5 亿年前

# 似鳄龙
## "鳄鱼模仿者"
### 命名年份：1998

**似**鳄龙属于棘龙类，和重爪龙、棘龙是近亲。它们都长有长而狭窄的吻部和巨大的钉状拇指。似鳄龙的外貌很像鳄鱼，头骨长而窄，牙齿呈圆锥状（很多肉食性恐龙的牙齿呈刀片状）。

一些古生物学家认为，似鳄龙主要以鱼类为食，因为它生活在水边，并且在同层位发现了3米长的鱼类化石。这说明似鳄龙可能在水中用钉状拇指或修长的颌部抓鱼吃。它也可能吃陆地上的大型动物，比如其他恐龙，因为它的颌部有足够的杀伤力，可以像杀死鱼那样轻而易举地杀死恐龙。

**发现地点：**尼日尔和北非
**食物：**大型鱼类和恐龙
**体形：**身长约 11 米，臀高约 3.6 米。
**体重：**5 吨
**友邻：**无
**敌人：**始鲨齿龙和隐面龙
**小贴士：**第一批被发现的重爪龙和似鳄龙的化石中都有钉状拇指。

| 2.52亿年前 | 2.01亿年前 | 1.45亿年前 | 6600万年前 |
|---|---|---|---|
| 三叠纪 | 侏罗纪 | 白垩纪 | |

1.1 亿年前—1 亿年前

与身高约 1.2 米的小孩儿对比

# 镰刀龙
## "爪如镰刀的恐龙"
### 命名年份：1954

**发现地点：**蒙古

**食物：**针叶树和银杏，也可能是开花植物。

**体形：**身长约 7 米，臀高超过 3 米。

**体重：**3 吨

**友邻：**栉龙

**敌人：**暴龙的近亲——特暴龙

**小贴士：**古生物学家最初发现镰刀龙时，还以为它是某种巨型乌龟！

镰刀龙体形巨大，是一种十分奇异的恐龙。虽然它属于兽脚类恐龙，但它很可能只吃植物！镰刀龙的手指骨是地球历史上所有动物中最大的。它巨大的爪子不像掠食者的那样呈弯钩状，而是长得又平又直，最长超过 70 厘米。镰刀龙的上臂几乎有 88 厘米长，可能是用来折断树枝的。把这样一位"素食者"归于肉食性恐龙家族也许很奇怪，但它不是唯一的例子。大熊猫几乎只吃竹子，却属于肉食性哺乳动物。由于镰刀龙的近亲——属于早期镰刀龙类的北票龙身披原始羽毛，古生物学家怀疑镰刀龙也长有羽毛。

与身高约 1.2 米的小孩儿对比

| 2.52亿年前 | 2.01亿年前 | 1.45亿年前 | 6600万年前 |
|---|---|---|---|
| 三叠纪 | 侏罗纪 | 白垩纪 | |

7500 万年前—7000 万年前

118

# 奇异龙

## "奇异的恐龙"

命名年份：1913

奇异龙最初是由古生物学家约翰·贝尔·哈彻于 1891 年在美国怀俄明州发现的。这份化石一直被遗忘在他寄出的包裹中，直到 1913 年才被发现，并被命名为一个新种类的恐龙——"漠视奇异龙"，意为"奇异但被忽视的恐龙"。

奇异龙属于鸟脚类恐龙家族中的棱齿龙科。棱齿龙科的成员都有相对较小的手臂、肌肉发达的腿和僵硬的尾巴。大多数已知的棱齿龙科化石标本还是幼体恐龙。

**发现地点：**美国蒙大拿州、怀俄明州、南达科他州，加拿大艾伯塔省、萨斯喀彻温省

**食物：**苏铁和开花植物等地面植被

**体形：**身长超过 3 米，臀高超过 1 米。

**体重：**约 68 千克

**友邻：**埃德蒙顿龙、肿头龙和三角龙

**敌人：**似鸟龙、伤齿龙和冥河盗龙

**小贴士：**科学家发现了奇异龙的皮肤样本。这是非常罕见的！

| 2.52亿年前 | 2.01亿年前 | 1.45亿年前 | 6600万年前 |
|---|---|---|---|
| 三叠纪 | 侏罗纪 | 白垩纪 | |

7000 万年前—6600 万年前

与身高约 1.2 米的小孩儿对比

119

# 牛角龙
## "颈盾穿孔的恐龙"
### 命名年份：1891

牛角龙是角龙类的最后一批成员之一。它的头骨是地球历史上所有陆生动物中最长的头骨之一。牛角龙最有名的特征是它那比头骨还大的颈盾。这个颈盾大到严重限制了牛角龙头骨的运动，导致它面对袭击时不得不移动整个身体，而不能只挪动头部。这也就是牛角龙的前肢如此强壮和肌肉发达的原因。牛角龙的角朝上并指向侧面，恰好就是成年暴龙腹部的高度。牛角龙与三角龙生活在同一时期，但牛角龙的数量似乎要少得多。牛角龙的颈盾比三角龙更长、更薄，颈盾上还有两个窗孔，使其更加轻量化。

**发现地点：** 美国怀俄明州、南达科他州、科罗拉多州、犹他州、新墨西哥州、得克萨斯州，加拿大萨斯喀彻温省

**食物：** 松柏、苏铁、银杏和开花植物

**体形：** 身长超过11米，臀高超过2米。

**体重：** 4吨

**小贴士：** 在恐龙颈盾的骨头中，发现了和组成人类头颅相同的物质。

与身高约1.2米的小孩儿对比

| 2.52亿年前 | 2.01亿年前 | 1.45亿年前 | 6600万年前 |
|---|---|---|---|
| 三叠纪 | 侏罗纪 | 白垩纪 | |

7000万年前—6600万年前

120

# 蛮龙
## "野蛮的恐龙"
### 命名年份：1979

蛮龙是一种大型肉食性恐龙。它的骨头非常粗壮，钉状拇指很大。蛮龙短而结实的手臂长得很奇特，前臂的长度还不到上臂的一半。虽然蛮龙与异特龙和角鼻龙等其他几种巨型肉食性恐龙生活在同一环境中，但蛮龙可以算得上是这群恐龙中的"彪形大汉"。异特龙的武器是它的速度和敏捷，角鼻龙的武器则是它超大的牙齿，而蛮龙的武器似乎是它的蛮力。

蛮龙可能很擅长追击还未成年的蜥脚类恐龙——蛮龙的速度或许不快，但蜥脚类恐龙的速度也不快！

**发现地点：** 美国科罗拉多州、怀俄明州、犹他州，葡萄牙

**食物：** 蜥脚类和剑龙类恐龙

**体形：** 身长约 10 米，臀高约 2.5 米。

**体重：** 3 吨

**小贴士：** 在最初发现蛮龙的莫里森组地层中，还发现了许多植食性恐龙，其中特别有名的是迷惑龙、腕龙、圆顶龙等蜥脚类恐龙和剑龙等剑龙类恐龙。

| 2.52亿年前 | 2.01亿年前 | 1.45亿年前 | 6600万年前 |
|---|---|---|---|
| 三叠纪 | 侏罗纪 | 白垩纪 | |

1.54 亿年前—1.4 亿年前

与身高约 1.2 米的小孩儿对比

# 三角龙
## "有三个角的面孔"
### 命名年份：1889

三角龙可能会创下"最会创造纪录"的纪录！它长有恐龙界最大的头骨（高达 3 米，与牛角龙并列）、最长的骨盆（1.2 米），陆生植食性动物中最强壮的下颌及植食性恐龙中最大的牙齿。三角龙还是第一只完全进行骨骼重建的角龙科恐龙。1999 年，三角龙成为世界上第一只被完全"数字化"的恐龙。

凭借鹦鹉般的喙、自动锐化且不断更换的牙齿、巨大的下颌肌肉、1 米长的角和比犀牛更强壮的身体，三角龙是唯一能够战胜雷克斯暴龙的恐龙（有时它也真的战胜了）！

**发现地点：** 美国蒙大拿州、怀俄明州、科罗拉多州、南达科他州，加拿大

**食物：** 植物

**体形：** 身长超过 10 米，臀高超过 2 米。

**体重：** 5 吨

**小贴士：** 有位科学家把最初的三角龙标本当成了野牛。

与身高约 1.2 米的小孩儿对比

| 2.52亿年前 | 2.01亿年前 | 1.45亿年前 | 6600万年前 |
|---|---|---|---|
| 三叠纪 | 侏罗纪 | 白垩纪 | |

6600 万年前

**伤**齿龙是一种小型的似鸟的兽脚类恐龙。它长有很长的腿和特化的脚，腿中间的长骨在顶部被挤压，形成一个减震的楔形结构，使它可以跑得飞快。伤齿龙的眼睛非常大，主要面向前方，因此可以更好地聚焦在物体上。伤齿龙以长有恐龙中最大的大脑之一（就其体形而言）而闻名。

伤齿龙的下颌长满了许多小牙齿，但这些不是典型的肉食性恐龙的牙齿。与大多数肉食性恐龙牙齿背面上下布满的小锯齿不同，伤齿龙的牙齿一侧上有更大的凸起，这更像许多植食性恐龙和蜥蜴。像窃蛋龙和地栖性鸟类一样，伤齿龙会在地面筑巢，然后蜷缩在巢顶上孵蛋。

**发现地点：** 美国蒙大拿州、怀俄明州，加拿大艾伯塔省

**食物：** 可能是小型哺乳动物、小型爬行动物、幼年恐龙、昆虫和植物

**体形：** 身长约 3 米，臀高约 94 厘米。

**体重：** 约 50 千克

**小贴士：** 古生物学家发现第一颗伤齿龙的牙齿时，还以为它来自一只蜥蜴！古生物学家戴尔·罗素曾经按照他推断的具有智能、能使用工具的伤齿龙后裔在现代的样子，制作了一个模型，并将它命名为"恐龙人"。

| 2.52亿<br>年前 | 2.01亿<br>年前 | 1.45亿<br>年前 | 6600万<br>年前 |
|---|---|---|---|
| 三叠纪 | 侏罗纪 | 白垩纪 | |

8000 万年前—7000 万年前

与身高约 1.2 米的小孩儿对比

# 暴龙（又称霸王龙）
## "暴君恐龙"
### 命名年份：1905

**发现地点：** 美国蒙大拿州、怀俄明州、南达科他州、科罗拉多州、得克萨斯州、新墨西哥州，加拿大艾伯塔省、萨斯喀彻温省

**食物：** 甲龙、埃德蒙顿龙、奇异龙和三角龙

**体形：** 身长约 12.5 米，臀高约 3.9 米。

**体重：** 7 吨

**友邻：** 无

**敌人：** 无

**小贴士：** 1995 年，雷克斯暴龙的粪便化石在加拿大萨斯喀彻温省被发现，里面充满了植食性恐龙的破碎和被消化的骨头。这坨粪便可有一条面包那么大！

与身高约 1.2 米的小孩儿对比

暴龙可以算得上最有名的恐龙了。虽然它已经不再被认为是最大的兽脚类恐龙，但它无疑在最凶猛和最强大的兽脚类恐龙中占据一席之地。暴龙是暴龙类家族中最后的成员，也是其中体形最大的。和其他暴龙类一样，暴龙的手臂很短，并且只有两个手指。虽然它的手臂和手指在狩猎时可能不太起作用，但它的咬合力非常强。它的头骨极其巨大，嘴里长有香蕉大小的牙齿。与大多数肉食性恐龙的牙齿不同，暴龙类的牙齿结实到足以咬碎骨头。从雷克斯暴龙的头骨和颈部骨骼可以看出，它的颈部肌肉是所有肉食性恐龙中最大的。它可能通过甩动强壮的脖子来扯下用下巴咬住的大块的肉。暴龙的大脑是所有恐龙中最大的。

一般来说，大多数恐龙的眼睛是面向侧边的，这样它们可以

**译者注**：现在古生物学家可以通过切开暴龙的腿骨来鉴定性别。雌性恐龙在下蛋时钙质会流失，骨头内部会产生"髓质骨"的空腔结构，因此有这个结构的恐龙就是雌性。没有这个结构的，除了雄性，也可能是还没生过蛋的雌性。

看到周围的一切情况。然而，暴龙的眼睛是面向前方的，可以更好地聚焦在一个物体上，并准确地判断出距离的远近。这对狩猎者来说非常有用，尤其是在不得不与三角龙战斗的时候——毕竟，三角龙可是最危险的植食性恐龙之一。暴龙类的腿相对于它们的体形而言又长又细，这让它们能够追逐当时最常见的角龙类和鸭嘴龙类等植食性恐龙。虽然有人认为雌性暴龙的体形比雄性暴龙大，但目前并没有证据证明这一点。

**电影《侏罗纪世界》中的恐龙！**

雷克斯暴龙大概是有史以来最家喻户晓的恐龙了。它也在电影《侏罗纪世界》的大屏幕上咆哮着！

暴龙

| 2.52亿年前 | 2.01亿年前 | 1.45亿年前 | 6600万年前 |
|---|---|---|---|
| 三叠纪 | 侏罗纪 | 白垩纪 | |

6600 万年前

# 伶盗龙〔又称迅猛龙〕
## "迅捷的掠夺者"
### 命名年份：1924

**发现地点：** 中国和蒙古

**食物：** 原角龙、窃蛋龙、鸟面龙和其他恐龙

**体形：** 身长约 2 米，臀高约 50 厘米。

**体重：** 约 15 千克

**小贴士：** 科学家在一具伶盗龙化石的头骨顶部发现了咬痕，痕迹与另一具伶盗龙化石的嘴型相匹配。这说明伶盗龙同族之间会互相残杀。另外，伶盗龙的化石只在亚洲被发现过。

与身高约 1.2 米的小孩儿对比

伶盗龙可能是继暴龙之后最有名的肉食性恐龙。虽然它早在 1923 年就被首次描述，但它为大多数人所熟知，是在它"领衔主演"《侏罗纪公园》和《侏罗纪世界》系列电影之后。

伶盗龙属于驰龙类，很小但极凶猛。它的头骨只有 18 厘米长；它的手臂很长，末端是强有力的爪子；它的脚上有巨大的镰刀形爪子，不用的时候可以缩回。一只伶盗龙和一只属于小型角龙类的原角龙的最后一场战斗，被尘封在一具来自蒙古的壮观的化石中：伶盗龙紧紧抓住原角龙的头骨，尖锐的左脚爪深深地嵌入这只角龙的脖子。当两只恐龙被埋在沙丘中时，伶盗龙显然正在撕开原角龙的喉咙。不过，这只原

布鲁

查理

德塔

**电影《侏罗纪世界》中的恐龙！**

在电影《侏罗纪世界》中，4 只伶盗龙有了自己的名字！它们分别是布鲁、查理、德塔和艾可。

角龙似乎已经报了仇——伶盗龙的右臂在它的喉里！

伶盗龙像其他驰龙类恐龙一样，身上长满了羽毛。它的手臂上有凸起的地方，显示出大羽毛附着过的痕迹。

艾可

| 2.52亿年前 | 2.01亿年前 | 1.45亿年前 | 6600万年前 |
|---|---|---|---|
| 三叠纪 | 侏罗纪 | 白垩纪 | |

8500 万年前—约 7500 万年前

# 乌尔禾龙
## "来自乌尔禾的恐龙"
### 命名年份：1994

**发现地点**：中国和蒙古

**食物**：松柏、苏铁和银杏

**体形**：身长约 8.1 米，臀高约 1.8 米。

**体重**：4 吨

**小贴士**：剑龙类大概是速度最慢的恐龙。它们的大腿骨几乎是小腿骨的两倍长，与速度快的动物正相反。我们能在乌尔禾龙的身上看到，它完全放弃提升速度，转而将所有努力都投入到防御上！一般来说，剑龙类是所有恐龙类群中最稀有的，因为剑龙类演化出来的物种并不多。

乌尔禾龙是一种白垩纪时期罕见的剑龙类恐龙。早在恐龙最终灭绝之前，剑龙类就灭绝了，取而代之的是甲龙类。虽然剑龙类的背部和尾部都被骨板覆盖，但它们的侧面得到的保护较少；甲龙则是"全副武装"，全身都覆盖着骨板。这也许能解释为什么剑龙类首先灭绝。乌尔禾龙在中国一直存活到白垩纪，这说明该地区有一个孤立的类群幸存了下来。乌尔禾龙与典型的剑龙类有两个主要区别：乌尔禾龙的身体较短，骨盆宽而外展；剑龙类的骨盆一般更大，大到向上、向外都超过大腿骨的范围。

与身高约 1.2 米的小孩儿对比

| 2.52亿年前 | 2.01亿年前 | 1.45亿年前 | 6600万年前 |
|---|---|---|---|
| 三叠纪 | 侏罗纪 | 白垩纪 | |

约 1.35 亿年前—约 1.2 亿年前

# 祖尼角龙
## "祖尼部落的角龙"
### 命名年份：1998

祖尼角龙是角龙类中第一种在眼睛上方长角（特化特征）的恐龙。它比北美洲西部所有典型的角龙类（比如尖角龙和三角龙）都要古老。难道长着长角的恐龙最早出现在北美洲吗？然而，另一种长有眉角的图兰角龙来自中亚，它与祖尼角龙几乎生活在相同的年代。这些长角的恐龙是从亚洲迁徙到北美洲，还是相反？我们仍在寻找答案。

祖尼角龙长有单根牙齿，而后期演化的角龙类都长有双根牙齿。这表明在角龙类中，颈盾和角是最先演化出来的，其次才是牙齿。

**发现地点**：美国新墨西哥州
**食物**：苏铁和开花植物等地面植被
**体形**：身长约 3 米，臀高约 1 米。
**体重**：约 45 千克
**友邻**：鸭嘴龙类
**敌人**：驰龙类
**小贴士**：祖尼角龙是目前唯一以美洲原住民部落命名的角龙类恐龙。

| 2.52亿年前 | 2.01亿年前 | 1.45亿年前 | 6600万年前 |
|---|---|---|---|
| 三叠纪 | 侏罗纪 | 白垩纪 | |

约 9300 万年前—约 8900 万年前

与身高约 1.2 米的小孩儿对比

# 非恐龙

中生代生活着许多恐龙，但这个时期也生活着许多其他类型的动物，其中有一些看起来与今天的动物没有太大区别，比如昆虫或类似鼩鼱的早期哺乳动物。然而，还有些动物长得像恐龙一样，既奇怪又壮观。以下章节介绍的就是与恐龙生活在同一时期的一些非恐龙爬行动物。

## 海生爬行动物

在中生代，许多祖先是陆生动物的爬行动物演化成会游泳的爬行动物，其中大多数类群仍然选择在岸上度过生命中的大半时光。例如：今天生活在加拉帕戈斯群岛的海鬣蜥，它们的手和脚最后长成手指和脚趾。然而，其他一些类群绝大多数时间在水中度过。它们的手和脚最后演化成鳍状肢。海生爬行动物中最神奇的 3 个类群分别是蛇颈龙类、鱼龙类和沧龙类。

## 薄片龙
### "有轻薄片板的爬行动物"
命名年份：1868

**薄**片龙属于长颈型蛇颈龙类——一个中生代海生爬行动物的主要类群。蛇颈龙类都拥有紧实的身体和4只强壮的鳍状肢，可以在水中遨游，尾巴通常很短。薄片龙可能像今天的海龟那样，爬到海滩上产卵。薄片龙和许多其他蛇颈龙类一样，在长脖子的末端长着一个小脑袋，嘴里长满针状的牙齿。它可以游进鱼群中，通过来回移动头部来捕鱼。有些其他蛇颈龙类的身体虽然与薄片龙相似，但不是头小脖子长，而是头大脖子短！它们的牙齿很大且呈锥形，可以捕捉更大的猎物。这些短颈型蛇颈龙类中有的体形很小，有的却长得和抹香鲸一样大！巨型蛇颈龙的头骨比最大的肉食性恐龙都要大得多。

**发现地点**：美国堪萨斯州
**食物**：鱼类
**体形**：身长约12米
**体重**：约4吨
**友邻**：无
**敌人**：海王龙
**小贴士**：当薄片龙第一次被复原时，古生物学家还以为它有一条长尾巴和一个短脖子！薄片龙有72节颈椎，是地球历史上颈椎最多的动物。

| 2.52亿年前 | 2.01亿年前 | 1.45亿年前 | 6600万年前 |
|---|---|---|---|
| 三叠纪 | 侏罗纪 | 白垩纪 | |

8500万年前—7500万年前

与身高约1.2米的小孩儿对比

131

# 大眼鱼龙
## "大眼的爬行动物"
### 命名年份：1874

大眼鱼龙是个游速非常快的"游泳健将"，它长有鳍状肢，身体顶部有一个背鳍，尾端还有一个半月形的尾鳍。为了追逐猎物，大眼鱼龙也许能下潜超过 300 米！

大眼鱼龙属于鱼龙类。它们与蛇颈龙类有着亲缘关系。虽然鱼龙类和海豚看起来很相似，但它们之间有很多重要的区别：海豚是哺乳动物，而鱼龙类是爬行动物；海豚主要通过使用声呐来判断物体在水下的位置，而鱼龙类可以通过巨大的眼睛来观察猎物。目前还没有证据表明鱼龙类会使用声呐。鱼龙类无法在陆地上产卵，它们的幼体在母亲体内生长，直到幼体长大到可以自己游泳，就会像海豚一样从尾部开始出生。

**发现地点：**
英国

**食物：** 鱿鱼，类似鱿鱼的贝类、鱼类。

**体形：** 身长约 4 米

**体重：** 约 909 千克

**友邻：** 无

**敌人：** 滑齿龙（大型短颈型蛇颈龙类）

**小贴士：** 最大的鱼龙类的眼睛是地球历史上所有动物中最大的，直径超过 26 厘米！

> **译者注：** 从尾部出生可以避免胎儿在分娩过程中溺水。多数陆生胎生动物是从头部出生，以免胎儿缺乏氧气。

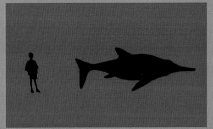

与身高约 1.2 米的小孩儿对比

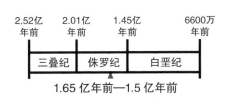

| 2.52亿<br>年前 | 2.01亿<br>年前 | 1.45亿<br>年前 | 6600万<br>年前 |
| --- | --- | --- | --- |
| 三叠纪 | 侏罗纪 | 白垩纪 | |

1.65 亿年前—1.5 亿年前

132

# 海王龙
## "鼻部有球状的爬行动物"
### 命名年份：1872

海王龙的身体很长，胸部和前肢大而强壮，双手巨大，后肢瘦弱。有力的尾巴让它可以在水中很好地游动。它通过公羊形的鼻子和大圆锥形的牙齿来捕捉猎物。

沧龙类与现生巨蜥（如科莫多巨蜥）、钝尾毒蜥和蛇是近亲。然而，沧龙类一生都生活在水中，因此它们的幼崽像鱼龙类一样，在母亲体内发育并在水中出生。沧龙类也许不如早期的鱼龙类那么迅速，它们更可能像今天的许多鲨鱼那样，靠伏击捕猎。一些沧龙类的牙齿比海王龙的更扁平，适合用来敲开贝类。

**发现地点：** 美国堪萨斯州，南非、安哥拉和日本

**食物：** 乌龟、蛇颈龙类、其他沧龙类、大型鱼类和贝类

**体形：** 身长约 12 米

**体重：** 约 5 吨

**友邻：** 未知

**敌人：** 未知

**小贴士：** 人们曾经找到一个巨大的海龟化石，它的鳍状肢是被咬掉的。这可能是海王龙干的"好事"！海王龙属于沧龙类。沧龙类是真正的海生蜥蜴，也是科学界发现的第一个灭绝的爬行动物类群。

| 2.52亿年前 | 2.01亿年前 | 1.45亿年前 | 6600万年前 |
|---|---|---|---|
| 三叠纪 | 侏罗纪 | 白垩纪 | |

8500 万年前—7500 万年前

与身高约 1.2 米的小孩儿对比

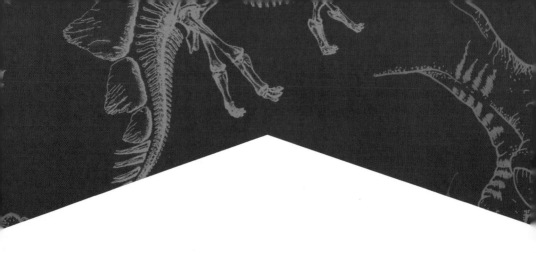

# 鳄类及主龙类近亲

主龙类英文的原意是"主要的统治者爬行动物"，是科学家对一大群已灭绝的爬行动物和现生爬行动物的称呼。鳄类和鸟类就属于现生的主龙类。各种已灭绝的恐龙和翼龙也属于这个家族。

每一类特定的主龙类都有其独有的特征。恐龙都是主龙类，但并非主龙类都是恐龙。请记住：要想加入恐龙家族，这个动物必须得是禽龙和巨齿龙最近的共同祖先的后代。以下章节介绍的是一些与恐龙生活在同一时期的非恐龙主龙类，包括一些已经灭绝的鳄类及主龙类的亲戚——长颈龙。

# 坚蜥
## "鹰一般的爬行动物"
### 命名年份：1877

坚蜥是一种体态很低、趴在地面的植食性动物。它的腿伸向身体两侧，厚重的盔甲保护着它的背部。坚蜥长着一个像猪一样的鼻子，也许能嗅出美味的植物。坚蜥的手似乎并不擅长挖掘。它背上的盔甲是连接在一起的，这样它就可以像现生的犰狳那样卷起身体，以此来保护腹部。或许是因为坚蜥类的存在，并且环境中没有适合新的有装甲的植食性爬行动物类群生存的地方，所以晚三叠世没有演化出有装甲的恐龙。在晚三叠世的末期，大量在陆地和海洋生活的动植物灭绝了，坚蜥类也没能幸免。

**发现地点**：德国

**食物**：蕨类植物和苏铁

**体形**：身长约 1.5 米，臀高约 30 厘米。

**体重**：约 45 千克

**小贴士**：最早被发现的坚蜥类化石是它们的盔甲。由于这些块状物和在相似的岩石中发现的已灭绝盔甲鱼类很像，古生物学家还以为他们发现了一种新的灭绝的鱼类。直到发现了坚蜥类的骨头，他们才意识到这是一种全新的爬行动物。

| 2.52亿年前 | 2.01亿年前 | 1.45亿年前 | 6600万年前 |
|---|---|---|---|
| 三叠纪 | 侏罗纪 | 白垩纪 | |

2.2 亿年前—2.06 亿年前

与身高约 1.2 米的小孩儿对比

135

# 恐鳄
## "可怕的鳄鱼"
### 命名年份：1909

**发现地点：** 美国蒙大拿州、得克萨斯州、新泽西州、北卡罗来纳州、佐治亚州、亚拉巴马州和密西西比州

**食物：** 大型乌龟，也可能是大型鱼类和恐龙。

**体形：** 身长约 12 米；臀高约 2.4 米，甚至可能更高。

**体重：** 9~10 吨

**小贴士：** 多数恐鳄的标本只由单个牙齿或盔甲般的骨板组成。没有任何现生鳄鱼能长到跟恐鳄一样大。不过，澳大利亚和印度洋地区的咸水鳄鱼能长到 6 米长，比任何现生的陆生掠食者都要大！

与身高约 1.2 米的小孩儿对比

恐鳄属于鳄类，是一种体形巨大的掠食者，与现生的短吻鳄和凯门鳄有密切的亲缘关系。因为鳄类比兽脚类恐龙更重，所以最大的恐鳄可能比最大的暴龙、南方巨兽龙或棘龙还要大。

恐鳄有时会被描绘成吃恐龙的形象。如果有一只恐龙靠近，恐鳄确实很可能会吃掉对方；不过，恐鳄更可能捕食一些在自己栖息的沼泽中常见的猎物。一些古生物学家推测，恐鳄主要狩猎大型乌龟。

虽然鳄类在白垩纪末期的大灭绝中幸存了下来，但恐鳄没能逃过此劫。

| 2.52亿年前 | 2.01亿年前 | 1.45亿年前 | 6600万年前 |
|---|---|---|---|
| 三叠纪 | 侏罗纪 | 白垩纪 | |

8000 万年前—7000 万年前

136

# 兔鳄

## "像兔子一样的鳄鱼"

**命名年份：1971**

**发现地点：** 阿根廷

**食物：** 昆虫，也可能是小型爬行动物。

**体形：** 身长约 50 厘米，臀高约 15 厘米。

**体重：** 约 220 克

**友邻：** 植食性爬行动物

**敌人：** 劳氏鳄

**小贴士：** 兔鳄的体形实在是太小了。如果它活在今天，一只猫都足以威胁它的生命！中三叠世生活着许多更大、更有趣的生物，但很多古生物学家选择研究兔鳄，因为它能帮助我们了解恐龙的起源。

兔鳄是一种只有兔子大小的小型主龙类。兔鳄的小腿和脚都很长。它的腿不像大多数爬行动物那样从侧面展开，而是直接长在身体下方，让它能在很长一段时间内快速奔跑。恐龙也有这一特征。也就是说，兔鳄很可能是恐龙的祖先或恐龙祖先的近亲。虽然我们经常认为恐龙是巨大的生物，但最早的恐龙体形很小，腿长在身体下方，这不仅有利于它们追逐昆虫和小型爬行动物，还能帮助它们逃离更大的肉食性动物。另外，这样的腿可以更好地支撑体重，得益于此，恐龙的身躯变得越来越巨大。

| 2.52亿年前 | 2.01亿年前 | 1.45亿年前 | 6600万年前 |
|---|---|---|---|
| 三叠纪 | 侏罗纪 | 白垩纪 | |

2.42 亿年前—2.35 亿年前

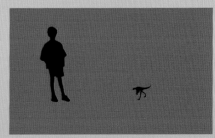

与身高约 1.2 米的小孩儿对比

# 劳氏鳄

## "劳氏的鳄鱼"

### 命名年份：1942

**发现地点：** 巴西

**食物：** 其他爬行动物

**体形：** 身长约 4 米，臀高约 90 厘米。

**体重：** 约 250 千克

**友邻：** 未知

**敌人：** 未知

**小贴士：** 劳氏鳄和它的近亲的足迹化石最初被认为是一只巨大的青蛙留下的。

劳氏鳄以化石收集者威廉·劳博士的名字命名。它属于鳄类的陆生近亲——劳氏鳄类。在三叠纪时期，它们是陆地上的顶级掠食者。有些种类的劳氏鳄甚至能长到 7 米长。劳氏鳄和它近亲的头部看起来很像兽脚类恐龙，但劳氏鳄用四肢行走，而兽脚类恐龙用后腿行走。劳氏鳄的腿像恐龙一样直接位于身体下方，但它用脚底行走，而恐龙像猫和狗一样，只用脚趾走路。因此，恐龙可能比劳氏鳄和劳氏鳄的近亲更敏捷。劳氏鳄与最早的恐龙在一个环境中生活过，因此它可能猎杀过暴龙、伶盗龙和三角龙这些恐龙的早期祖先。

与身高约 1.2 米的小孩儿对比

| 2.52亿<br>年前 | 2.01亿<br>年前 | 1.45亿<br>年前 | 6600万<br>年前 |
|---|---|---|---|
| 三叠纪 | 侏罗纪 | 白垩纪 | |

2.4 亿年前—2.3 亿年前

# 狮鼻鳄
## "长着巴哥犬鼻子的鳄鱼"
### 命名年份：2000

狮鼻鳄属于鳄类，与现代的鳄鱼、短吻鳄、凯门鳄、恒河鳄和它们已灭绝的近亲是亲戚，只不过狮鼻鳄的鼻子有点儿短。狮鼻鳄的牙齿与植食性恐龙的几乎完全相同，身体上则覆盖着厚重的盔甲。它似乎是半鳄鱼、半甲龙类的生物！这就是古生物学家所说的"趋同演化"，即两种不同的动物群由于相似的生活方式而演化出相同的基本特征。人们有时会说：鳄鱼自中生代以来就没有改变。虽然某些中生代鳄类确实看起来与现生的鳄鱼相似，但狮鼻鳄生活在陆地上，而不是水生的掠食者。

**发现地点：**马达加斯加

**食物：**蕨类植物和苏铁，也可能是开花植物。

**体形：**身长略微超过 1 米，臀高约 25 厘米。

**体重：**约 23 千克

**友邻：**无

**敌人：**马君龙

**小贴士：**狮鼻鳄在受到威胁时可能会蹲下。这样一来，袭击它的肉食性动物就只能咬它坚硬的盔甲了。在南美洲也发现了一些晚白垩世的植食性鳄鱼。

| 2.52亿年前 | 2.01亿年前 | 1.45亿年前 | 6600万年前 |
|---|---|---|---|
| 三叠纪 | 侏罗纪 | 白垩纪 | |

7200 万年前—6600 万年前

与身高约 1.2 米的小孩儿对比

139

# 长颈龙
## "超长的椎骨"
### 命名年份：1852

长颈龙是一种来自中三叠世的长相奇特的爬行动物。虽然大多数动物的外形会随着年龄的增长而改变，但很少有爬行动物会像长颈龙改变那么大！长颈龙在生长过程中最主要的变化是脖子的长度。幼年长颈龙的脖子比它的腿短，而成年长颈龙的脖子却比它的头部、背部和尾部加起来还要长！实际上，长颈龙颈椎的数量并没有增加，是它的每节椎骨变得越来越长。有人认为长颈龙会用它的长脖子游进鱼群中，并用它的下颌扫过鱼群；也有人认为它超长的脖子起到的是像孔雀尾巴那样的展示作用。这两种观点可能都是正确的。

发现地点：意大利

食物：鱼类

体形：身长超过 3 米，脖子直立起来的时候超过 1.2 米。

体重：推测为 18 千克

友邻：无

敌人：掠食性爬行动物

小贴士：长颈龙的骨头最初被认为是早期翼龙的一部分。在找到长颈龙的完整骨骼前，古生物学家推断长颈龙的颈椎可能属于腔骨龙。

与身高约 1.2 米的小孩儿对比

| 2.52亿<br>年前 | 2.01亿<br>年前 | 1.45亿<br>年前 | 6600万<br>年前 |
|---|---|---|---|
| 三叠纪 | 侏罗纪 | 白垩纪 | |

2.42 亿年前—2.27 亿年前

# 翼龙

除了恐龙，中生代最有名的爬行动物可能就是翼龙了。翼龙和恐龙一样，也属于主龙类。它们既不是唯一已知的会飞的恐龙——鸟类，也不属于任何其他种类的恐龙。

像蝙蝠和鸟类一样，翼龙是飞行者，而不是滑翔者。翼龙的手臂和手演化成翅膀。它们没有羽毛，取而代之的是附着在长臂上的翼膜，翼膜被长长的无名指撑开。其他 3 根手指可能是用来梳理或攀爬的。这些翅膀上的翼膜被内部细长的纤维加固，使翅膀的边缘更加坚韧。

翼龙的身体上有一层毛皮，作用可能是防止热能散失。虽然有一些古生物学家认为翼龙可以只用后腿走路，但大多数人认为它们像大猩猩一样，将长长的翅膀作为手臂来辅助走路。

有些翼龙的体形很小，有些却是有史以来最大的飞行动物。第一批翼龙出现在晚三叠世，大约与第一批恐龙同时出现。在白垩纪末期，它们与鸟类以外的恐龙、海生爬行动物及许多其他动物类群一起灭绝了。有观点认为，导致这次大灭绝的原因是小行星撞击地球，地点位于现在墨西哥的尤卡坦半岛。这次冲撞爆炸产生的灰烬和尘埃使地球一下子陷入黑暗和寒冷，杀死了许多作为陆地和海洋食物链基础的植物。

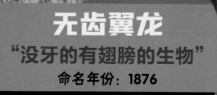

# 无齿翼龙
## "没牙的有翅膀的生物"
### 命名年份：1876

**发现地点：** 美国堪萨斯州

**食物：** 鱼类

**翼展：** 8~10 米

**站立高度：** 约 1.8 米

**体重：** 约 25 千克

**友邻：** 无

**敌人：** 海王龙

**小贴士：** 无齿翼龙被发现的消息震惊了当时的世界。在这之前发现的翼龙都只有海鸥那么大，甚至更小，但无齿翼龙比今天的任何飞行动物都要大得多。无齿翼龙的图片常被画上牙齿或是喙嘴翼龙那样的尾巴，这当然是错误的。

无齿翼龙可能是最有名且更特化的翼龙，属于短尾型的翼手龙类。无齿翼龙有不同的种类，其中一些种类的头后部长有形态独特的冠。所有种类的无齿翼龙都长有完全没有牙齿的细长的喙，可能依靠掠过水面的时机来捕鱼吃。在晚白垩世，无齿翼龙曾经飞过美国堪萨斯州的海面。虽然它一定会回到陆地栖息和产卵，但它在大陆上生活的时间似乎并不久。因此，描绘无齿翼龙飞过暴龙类、角龙类和鸭嘴龙类恐龙头顶的复原图很可能是错误的。

与身高约 1.2 米的小孩儿对比

| 2.52亿年前 | 2.01亿年前 | 1.45亿年前 | 6600万年前 |
|---|---|---|---|
| 三叠纪 | 侏罗纪 | 白垩纪 | |

约 8500 万年前—约 7500 万年前

# 风神翼龙
## 以阿兹特克神话中的"羽蛇神"命名
### 命名年份：1975

**发现地点：**
美国得克萨斯州。加拿大艾伯塔省也可能有这种恐龙。

**食物：** 鱼类，也可能是腐肉。

**翼展：** 约 11 米，甚至可能更长。

**站立高度：** 约 3.3 米

**体重：** 未知，可能只有 160 千克。

**小贴士：** 风神翼龙的全称是"诺氏风神翼龙"，种名"诺氏"是为了纪念诺斯罗普航空公司而取的。诺斯罗普航空公司制造了一架名为"飞翼"的飞机。它看起来有点儿像翼龙。不像其他早期的翼龙，风神翼龙和它的近亲翼龙可能很擅长在地面走路。

风神翼龙是有史以来最大的飞行动物之一。它的最大个体的头部可能有 3 米长。它生活在中生代的末期，曾飞过暴龙、三角龙和埃德蒙顿龙的头顶。与古神翼龙和无齿翼龙一样，风神翼龙属于翼手龙类。与古神翼龙和无齿翼龙不同的是，风神翼龙生活在大陆上。虽然有古生物学家推测它是一种食腐动物（如秃鹫），但也有人认为它主要吃鱼类，因为它的腿很长，可以像一只巨大的鹳一样涉水。

| 2.52亿年前 | 2.01亿年前 | 1.45亿年前 | 6600万年前 |
|---|---|---|---|
| 三叠纪 | 侏罗纪 | 白垩纪 | |

6600 万年前

与身高约 1.2 米的小孩儿对比

143

# 古神翼龙

## "远古的存在"

命名年份：1989

**发现地点**：巴西

**食物**：可能是鱼类

**翼展**：约 8 米

**站立高度**：约 3.2 米

**体重**：未知，推测为 25 千克。

**小贴士**：发现古神翼龙的巴西的圣安娜组产出了许多不同的翼龙化石，它们每个都有自己的独特之处：有些长着很高的冠；有些长着短而重的喙；还有些体形巨大，比如脊颌翼龙。在发现古神翼龙的石灰岩中发现的许多其他翼龙、鱼类甚至恐龙的肌肉组织经历石化变成了化石。不幸的是，由于肌肉已经变成石头，它们不再含有DNA。

古神翼龙属于更为特化的翼龙——翼手龙类。它的学名取自巴西的图皮语系神话，意思是"远古的存在"。

翼手龙类的尾巴通常比原始的翼龙还要短。虽然有一些翼手龙类的体形很小，但大多数翼手龙类和鹰差不多大，或者更大一点儿。翼手龙类的手掌骨比原始的翼龙的手掌骨要长得多，这让它们得以拥有更长的翅膀。

每种翼手龙类的头上都有独特的头冠。即使在每个物种之中，似乎也有一些个体的头冠比其他个体的更大、更发达。一些科学家认为头冠较大的是雄性，较小的是雌性。也许大的头冠可以像孔雀的尾巴那样用于展示。

与身高约 1.2 米的小孩儿对比

| 2.52亿年前 | 2.01亿年前 | 1.45亿年前 | 6600万年前 |
|---|---|---|---|
| 三叠纪 | 侏罗纪 | 白垩纪 | |

1.1 亿年前—1 亿年前

# 喙嘴翼龙

## "喙状的口鼻部"

### 命名年份：1847

**发现地点：** 德国

**食物：** 鱼类

**翼展：** 约 1.75 米

**站立高度：** 约 25 厘米

**体重：** 约 680 克

**友邻：** 始祖鸟

**敌人：** 美颌龙

**小贴士：** 翼龙的骨壁甚至比鸟类的还要薄。许多翼龙的化石是在发掘喙嘴翼龙的岩石中发现的，其中就有第一件被发现的翼龙化石——翼手龙类化石。这件化石最早于 1784 年被描述。

喙嘴翼龙属于原始的长尾型翼龙。从皮肤的印痕上，我们得知它的尾巴末端有一个菱形的鳍，可能是用于掌控方向的。

喙嘴翼龙生活在晚侏罗世的欧洲热带岛屿，以鱼类为食。从它的喙部尖而上翘的形状来看，古生物学家认为喙嘴翼龙会飞到水面上方，用它的下颌叉鱼。

早期的翼龙很少有比喙嘴翼龙还要大的，尽管喙嘴翼龙可能就和秃鹰差不多大。

| 2.52亿年前 | 2.01亿年前 | 1.45亿年前 | 6600万年前 |
|---|---|---|---|
| 三叠纪 | 侏罗纪 | 白垩纪 | |

1.5 亿年前—1.4 亿年前

与身高约 1.2 米的小孩儿对比

# 术语表

**侏罗纪**：中生代的第二个地质时期，约为 2.01 亿年前到 1.45 亿年前。名称取自"侏罗山脉"，即这一时期的岩石首次被命名的地方。在这一时期，盘古大陆开始分裂，并被海水分隔开；北美洲开始从非洲漂移开来，形成最初的大西洋。

**纪**：比代更小的地质年代划分，如侏罗纪、三叠纪或白垩纪。

**恐龙**：原意为"恐怖而巨大的爬行动物"，指禽龙和巨齿龙最近的共同祖先的所有后裔。该分类包括蜥臀类和鸟臀类。

**代**：由地质时期组成的地质年代划分。

**中生代**：约为 2.52 亿年前到 6600 万年前，包括三叠纪、侏罗纪和白垩纪。中生代是介于古生代和新生代之间的"中间时代"。

**化石**：曾经存在过的生物遗留。化石通常有数百万年的历史，随着时间的推移一般会变成石头。化石也被定义为"地质历史中存在生命的证据"。

**主龙类**：一类特化的爬行动物，包括恐龙类、翼龙类和鳄类。

**种**：也叫物种，是生物分类的基本单位，位于生物分类法中最后一级，指一类形态和遗传组成相似的生物群体。

**恐龙文艺复兴**：一次小规模的科学革命。这次革命改变了恐龙的生理学理论和恐龙在大众文化中的形象。当时的科学家指出，恐龙不是冷血、慵懒的动物，而是温血、活跃的动物。

**古生物学家**：研究化石和地球生命史的科学家。

**地质年代**：（1）从地球形成到有记载的历史开始的时间段，又称"史前时代"。（2）非常长的时间跨度，跨越数百万年。

**灭绝**：一个植物或动物类群的死亡。

**演化**：植物和动物在地质时期的发展及这种发展的方式。这在许多书中被过度简化为"随时间变化"。

**鳄类**：包括咸水鳄、短吻鳄和恒河鳄在内的一个主龙类分支。

**盘古大陆**：英语 Pangaea 原意指"整个陆地"，是一个巨大的古代超级大陆，由地球的所有陆块组成，形成于古生代晚期，后来分裂为劳亚大陆和冈瓦纳大陆两个超级大陆，现在的大陆也由此衍生。

**三叠纪**：中生代的第一个地质时期，约为 2.52 亿年前到 2.01 亿年前。在这一时期，地球的陆地全部合并成一个超级大陆——"盘古大陆"。

**蜥脚类恐龙**：一类有着长脖子和长尾巴的大型植食性恐龙，生活在侏罗纪或白垩纪。有新研究显示，三叠纪末期的泰国可能也有蜥脚类恐龙。

**兽脚类恐龙**：一类二足步行的恐龙，以肉食性为主。

**掠食者**：狩猎和抓捕其他动物作为食物的动物。

**白垩纪**：中生代的第三个地质时期，约为 1.45 亿年前到 6600 万年前。在这一时期，各个大陆逐渐向它们今日的位置靠拢。这种陆地的分离，使得生长在不同大陆上的植物和动物之间的差异大大增加。

**泰坦巨龙类**：一类生活在晚侏罗世和白垩纪的特化蜥脚类恐龙，其中一些恐龙的体形非常巨大，一些身上还有铠甲。

**甲龙类**：一类短腿、植食性的，且身上有装甲般厚重的骨质鳞片（即小骨板）的恐龙。

**鸟脚类恐龙**：一类没有刺或角、用两条腿走路的植食性恐龙。

**肿头龙类**：一类植食性恐龙，其头骨很厚，可能用于头部或侧面对撞。

**被子植物**：一类种子植物，其种子被果实包围，又称开花植物。

**角龙类**：一类以植物为食物的恐龙，头上长着角，脖子上有骨质颈盾。

**鸭嘴龙类**：晚白垩世的一类植食性恐龙。它们因长着宽而扁平的有如鸭子一般的鼻子而得名。

**植食性动物**：主要或只以植物为食物的生物体。

**伤齿龙类**：一类特化、外貌接近鸟类的兽脚类恐龙。它们的大脑很大，腿很长很细。

**驰龙类**：一类特化的兽脚类恐龙，尾巴非常坚硬，第二个脚趾上有一

147

个镰刀状的爪子。

**模式标本**：被指定为第一个例子的原始标本，是描述给定物种和其他生物群的基础，也是最初用于命名新物种的实际标本。

**原始羽毛**：现代鸟类羽毛的祖先形式。也指许多特化的兽脚类恐龙身上发现的简单管状覆盖物。

**组**：一个被正式定义的、可标定的岩石单元。

**猎物**：作为食物被狩猎和抓捕的动物。掠食者的受害者。

**愈合**：指不同的骨骼融合在一起的过程。动物的幼体骨骼一般包含许多软骨或不含关节功能的小骨头，而这些骨头会在动物成长过程中融合在一起。一些动物的特定部位的骨骼融合后，会更加坚固，或产生其他特定的功能。

**胃石**：被动物吞食并保存在消化道中的鹅卵石或其他石头。胃石可以磨碎食物，使其更容易被消化。

**肉食性动物**：任何以肉为食物的动物。

**两性异形**：指同一物种中出现雄性和雌性这两种不同的形态，尤其是在颜色、体形、大小等方面有明显的差异。

**杂食动物**：既吃植物也吃其他动物的动物。

**分支学**：一种对生物进行分类的方法，其中关于演化关系的假设是分类方法的基础。分支学根据生物体共同的祖先分类，通过鉴别共同的衍生特征来决定亲缘关系。这个系统已经取代了旧的林奈分类法。

**冈瓦纳大陆**：一块超级大陆，在数百万年前分裂成现代南美洲、非洲、南极洲、马达加斯加、印度和澳大利亚。

**劳亚大陆**：一块超级大陆，数百万年前分裂成现代的北美洲、格陵兰岛、欧洲和亚洲。

**林奈分类法**：基于等级系统对生命进行分类的旧系统。这种分类法会排列分类等级，如界、门、纲、目和科。